KB239759

불안하지 않은
성장은 없다

불안하지 않은 성장은 없다

초판 1쇄 인쇄 2014년 4월 7일
초판 1쇄 발행 2014년 4월 14일

지은이 아사노 아츠코, 시오미 토시유키, 스가와라 마스미, 칸노 준,
　　　　스가하라 유코, 야마다 마사히로, 사오토메 토모코, 사사키 마사미
엮은이 슈후노토모샤
옮긴이 정은지

책임편집 김초희
책임디자인 유영준

펴낸이 이상순
주　간 서인찬
편집장 박윤주
기획편집 유명화, 주리아, 김설아
디자인 최성경
마케팅 홍보 김미숙, 이상광, 권장규, 박성신, 박순주

펴낸곳 (주)도서출판 아름다운사람들
주소 (413-756) 경기도 파주시 회동길 103
대표전화 031-955-1001　**팩스** 031-955-1083
이메일 books777@naver.com
홈페이지 www.books114.net

「UCHI NO KO MOSHIKASHITE HANKOUKI?」TO OMOTTARA YOMU HON
by Shufunotomo Co., Ltd.
Copyright © 2011 Shufunotomo Co., Ltd.
All rights reserved.
Original Japanese edition published by Shufunotomo Co., Ltd.
Korean translation rights © 2012 by Beautiful Peoples
Korean translation rights arranged with Shufunotomo Co., Ltd., Tokyo
through EntersKorea Co., Ltd., Seoul, Korea

이 책의 한국어판 저작권은 (주)엔터스코리아를 통해 저작권자와 독점 계약한 아름다운사람들에 있습니다.
저작권법에 의하여 한국 내에서 보호를 받는 저작물이므로 무단전재와 무단복제를 금합니다.

이 책은 『10대의 부모로 산다는 것』(2012)의 개정판입니다.

불안하지 않은
성장은 없다

아사노 아츠코 · 시오미 토시유키 · 스가와라 마스미 · 칸노 쥰 · 스가하라 유코 · 야마다 마사히로
사오토메 토모코 · 사사키 마사미 지음 | 슈후노토모샤 엮음 | 정은지 옮김

아름다운사람들

차 례

첫 번째 이야기

불안하지 않은 성장은 없다

첫 번째. 행복과 고통이 공존하는 자녀교육 ····················· 11

두 번째. 엄마의 이기심과 아이의 자립심 ····················· 19

세 번째. 사춘기에만 보이는 내 아이의 매력 ····················· 27

네 번째. 아이를 대하는 전략이 필요하다 ····················· 34

두 번째 이야기

엄마도 성장이 필요하다

첫 번째. 우리 아이만 유별난 게 아니다 ····················· 47

두 번째. '반항'과 '자립'은 종이 한 장 차이 ····················· 62

세 번째. 사춘기 아이를 다루는 절대 법칙 ····················· 78

네 번째. '아이 대 어른'에서 '어른 대 어른'으로 ····················· 97

세 번째 이야기
엄마의 변화는 아이를 크게 한다

첫 번째. 모두가 힘든 시간, 그런데 왜? ···························· 113

두 번째. 제일 나쁜 말, "다 너를 위해서야." ···················· 125

세 번째. 대화가 되는 소통법은 따로 있다 ···················· 141

네 번째. 극단적인 상황을 피해가는 방법 ···················· 148

다섯 번째. 엄마는 아이를 절대 포기하지 않는다 ·············· 159

네 번째 이야기
사춘기는 홀로서기 위한 과정일 뿐

첫 번째. 부모 자식 관계는 끊임없이 변한다 ···················· 185

두 번째. 때로는 현명한 협상이 필요하다 ···················· 190

다섯 번째 이야기
성교육, 무심코 지나치기에는 너무 중요하다

첫 번째. 사회의 변화부터 인정하자 ················· 199
두 번째. 성교육 앞에 서면 작아지는 아빠들 ················· 203
세 번째. 그 무엇보다 내 아이의 행복 먼저 ················· 210

여섯 번째 이야기
반항기를 안 겪게 할 수는 없을까?

첫 번째. 예술가와도 같은 내 아이 ················· 221
두 번째. 깊은 새벽이 지나면 밝은 아침이 ················· 230

불안하지 않은
성장은 없다

이번 장에서는 세 아이의 엄마이자 아동문학 작가에게 '죽을 듯이 힘들었지만 돌아보니 행복했다'는 10대의 부모로 사는 것에 대한 이야기를 들어보겠습니다.

행복과 고통이
공존하는 자녀교육

아사노 아츠코

Q | 선생님께서는 어떤 잡지와의 인터뷰에서 "다시 한 번 우리 애가 사춘기였던 때로 돌아가 그 애랑 씨름하면서 살아보고 싶어요. 그때는 아무것도 몰라서 시간 낭비, 정력 낭비만 했던 것 같거든요"라고 말씀하신 적이 있는데요. 이 말은 구체적으로 어떤 의미인가요?

A | 한마디로 표현하기는 어렵지만, 굳이 말하자면 스스로 즐기지 못했다는 후회가 밀려왔다고나 할까요? 사실 그 얘기는 자녀교육에 관한 성공담이 아니라 자녀교육에서 실패와 좌절을 겪

은 뒤에 나온 말이었습니다.

　저는 이제 그 시절을 겪고 훌쩍 다 커버린 아들 둘과 딸 하나를 둔 엄마입니다. 그런데 '자식 키우는 게 참 재미있는 일이구나.' 하고 느낀 적은 딸아이 때뿐입니다. 아들 둘은 연년생이라 그냥 아픈 데 없이 키우는 것만도 힘에 부쳤거든요. 그러다 막내인 딸을 키우면서 '아아, 아이 키우는 게 이렇게 즐겁고 행복할 수도 있구나'라는 걸 진심으로 느끼게 되었죠.

　인생에는 다양한 행복과 즐거움이 있다고 생각합니다. 결혼하지 않고 미혼으로 살면서 느끼는 행복과 즐거움도 있고, 결혼은 했지만 아이 없이 부부끼리만 살 때 느끼는 즐거움과 행복도 물론 있겠지요. 하지만 저는 그게 어떤 건지 경험해보지 않았기 때문에 뭐라 말씀드릴 수가 없네요. 아이를 낳아 기른 사람의 입장에서 제가 들려드릴 수 있는 건 아이가 있기 때문에 맛보게 된 행복과 즐거움입니다. 그런데 자식을 셋이나 낳았으면서 왜 그런 행복을 더 많이 느끼지 못했나 하는 아쉬움이 남아요. 삼인삼색이라는 말도 있잖아요. 셋을 낳고 길렀으니 그때마다 다른 행복과 즐거움이 있었을 텐데, 아들들을 키울 때는 그저 힘들고 고생스럽게만 느껴져서 그 행복을 제대로 누리지 못했거든요. 그래서 지나간 그 시간들이 너무 아쉽고 아깝다는 생각에 그렇게 말한 거예요.

Q | 아이들을 키우는 데 어떤 부분이 힘들었던 것인가요?

A | 힘든 부분들이야 많았지만, 그중 85퍼센트는 저 때문이었던 것 같아요. 일단 첫째가 남자아이라 사춘기 때 유독 더 힘들었던 것 같습니다. 아들과 아빠 관계도 그럴지 모르겠지만, 엄마와 아들 관계라는 게 기본적으로 서로 이해하지 못하는 부분이 있거든요. 사실 '인간 대 인간' 관계에 있어 100퍼센트 이해와 신뢰는 있을 수 없는 일이라고 생각합니다. 이건 부모 자식 사이에서도 마찬가지일 거고요. 아무리 부모와 자식이라도 서로 맞지 않는 부분, 싫어하는 부분, 이해가 되지 않는 부분이 있는 게 사실이잖아요.

하지만 아이를 키울 당시에는 그런 것들을 전혀 인정하려 들지 않았습니다. 지금도 마찬가지지만 저는 독점욕이나 소유욕이 매우 강한 사람이에요. 솔직히 말하자면, 아이들을 내가 생각하는 대로 조종하고 싶어 했어요. 엄마인 내가 원하는 대로 자라주길 바랐고, 내가 원하는 삶을 살게 하고 싶었던 거죠. 늘 그런 욕망에 빠져있었던 것 같아요. 그러다 보니 아이들을 어떤 틀에 가

두려고 했고, 아이들은 당연히 제가 만들어놓은 틀에서 종종 벗어나려고 했어요. 아이들을 향한 저의 그런 욕망이 성공한 적도 몇 번 있었지만, 그 성공이 마냥 즐겁고 좋지만은 않았어요. 사실 그때마다 저는 무척 힘들었죠. 왜 그랬는지는 정확히 잘 모르겠어요. 아이와 벌인 기싸움에 지쳐서 그랬던 것 같기도 해요.

지금 생각하면 정말 바보가 따로 없었어요. 가끔 아이들이 말을 안 하고 입을 꾹 다물어버리거나 학교에 가기 싫어할 때도 있었어요. 내가 바라는 것과 정반대로 행동하기도 했고요. 그럴 때마다 나를 바늘로 쿡쿡 찌르는 것 같은 기분에 괴로워서 아이들 탓을 하기도 했어요. 왜 내 바람대로 움직여주지 않느냐고 원망도 많이 했습니다. 내 마음을 몰라주는 것에 화가 났으니까요.

하지만 문제는 저에게 있었습니다. 제가 힘들었던 원인 중 85퍼센트는 저에게 있었다고 말씀드렸잖아요. 나머지 15퍼센트는 아이들에게 있었고요. 표현 방법이 좋지 않았을 수도 있고, 꼭 말해야 하는 부분은 말하지 않고 원하는 것만 요구했을 수도 있었을 거예요. 그래서 이런저런 것들을 따져보니 90퍼센트까지는 아니란 얘기예요, 하하하! 하지만 85퍼센트는 제 탓이었다고 인정합니다. 지금은 이렇게 아는 것들을 그때는 전혀 몰랐어요. 어이없게도 말이죠.

Q | 현재 위의 두 아들이 서른 살과 스물아홉 살, 막내딸이 스물다섯 살이라고 들었습니다. 나이 차이가 난다고 해도 겨우 4, 5년인데, 위의 두 아들이 생각대로 되지 않아 힘든 시간을 보낸 뒤 4,5년 만에 '자식 키우는 게 이렇게 재미있는 일이구나.' 하고 생각이 바뀐 거군요. 본인을 객관적으로 냉정하게 볼 수도 있게 되었고요. 그런 큰 변화의 전환점은 무엇이었나요?

A | '이런저런 일이 있었어요' '이런 경험 때문이에요'라고 이야기할 만한 에피소드는 딱히 떠오르지 않네요. 다만 한 가지 확실한 건 제가 책을 읽기 시작하면서부터 달라졌다는 것이지요. 언제쯤이었는 지 정확히 기억나진 않지만, 둘째를 한참 키우던 때였던 것 같아요. 딸이 태어나기 3,4년 전쯤인가? 당시 저는 고래고래 소리를 질러대면서 아들 둘을 키우느라 정신이 없었어요. 그럼에도 불구하고 글이 너무 쓰고 싶었고요. 하지만 현실을 보니 도무지 책을 쓸 엄두가 나지 않았어요. 그러면 열심히 읽기라도 하자는 마음에 닥치는 대로 읽었던 기억이 납니다. '읽어야만 해서'가 아니라 '읽고 싶어서'요. 책 읽는 게 어려운 일은 아니잖아요. 그냥 옆에 놔두고 손만 뻗으면 언제든지 읽을 수도 있고 무슨 도구가 필요한 것도 아니니까요.

마침 딸아이가 태어나고 위의 두 아이가 유치원에 가게 되자 젖병을 빠는 딸아이와 둘이 생활하는 시간이 늘어났어요. 덕분에 겨우 책을 잡고 있을 시간도 생겼고요. 물론 그렇다고 해서 여유가 있었다는 말은 아닙니다. 오히려 너무 여유가 없어서 그랬던 것 같아요. 사람이라는 게 그렇잖아요. 여유가 없을수록 자기 자신을 지키기 위해 스스로 여유를 만든다고나 할까요? 엄마로 살아가는 시간이 80에서 90퍼센트를 차지하고 있으니, 나 자신을 위해 나머지 10퍼센트를 할애하는 거지요. 위기에 맞서는 본능 비슷한 욕구가 꿈틀거렸던 것 같아요. 그게 저에게는 책을 읽는 것이었고요. 그렇지만 아주 느린 걸음이었어요. 하루에 단편소설 한두 편을 읽는 정도였으니까요.

책을 읽기 시작하면서 '내가 정말 원하는 건 책을 읽는 게 아니라 쓰는 거잖아!'라는 울림이 내 마음속 깊은 곳에서부터 들려왔어요. 그게 글을 쓰기 시작한 가장 큰 동기가 되었고요.

아이들을 이해하게 되기까지는 참 많은 시간이 걸렸어요. 사내 녀석들이 사춘기를 겪느라 힘들어할 때도 저는 매일 소리치고 윽박지르느라 바빴으니까요. 그런데 3,4년이 지나서 딸에게 사춘기가 왔을 때는 비로소 '맞아, 10대 애들은 이렇지. 참 신기하고 재미있네.' 하는 생각이 들었어요. 아마도 글을 쓰고 있었기 때문이 아닐까 생각합니다.

Q | 자녀들이 사춘기를 겪을 무렵, 청소년 성장소설인 『배터리』라는 책을 쓰셨지요? 지금은 이미 영화와 만화로 만들어질 만큼 유명한 작품이 되었는데요. 한 작품 한 작품 집필을 거듭하면서 아주 중대한 발견을 하신 것 같습니다.

A | 맞아요, 당시 쓰고 있던 책이 바로 『배터리』였어요. 저 스스로도 검증이 되지 않는 부분입니다만, 한 줄 한 줄 써내려 가면서 냉정함을 조금씩 되찾을 수 있었던 것은 사실입니다. 물론 지금도 매일 발버둥 치며 사는 건 마찬가지고, 제가 훌륭한 안목을 가진 사람이 되었다고 말할 수는 없지만요. 어찌 됐든 글을 쓰는 일은 아이들과 나 자신이 어떻게 다른지를 깨닫게 해준 계기가 되었던 것 같아요.

그전까지는 나의 가치관과 아이들의 가치관이 반드시 일치해야 한다고 생각했어요. 그러기 위해 안간힘을 쓰기도 했고요. 그런데 글을 쓰면서 나와 아이들의 가치관이 다를 수도 있다는 사실을 당연하게 받아들일 수 있게 되었습니다. 내 아이를 '한 명의 사람'으로 바라볼 수 있게 된 거죠. "너와 나는 다른 사람인 거야.

다른 사람이니까 내 생각과 네 생각이 다를 수밖에. 내가 좋다고 너도 좋아하라는 법은 없어. 그게 당연한 거야." 이것이 시작이라고 생각합니다. 그나마 처음보다는 이 생각에 많이 가까워졌지만 아직 행동의 출발선에는 서지 못한 것 같아요.

엄마의 이기심과
아이의 자립심

Q | 키우기 힘들었다고 표현한 두 아들을 키우던 시절에 "애들 참 착하고 똑똑하네요." "정말 부럽네요." 같은 말을 들으면 얼마나 좋을까 하고 바란 적은 없나요?

A | 왜 없겠어요. 첫째 때 특히 바랐던 것 같아요. 사람들에게 민폐를 끼치지 않게 예의 바른 건 당연하고 뭐든지 잘해서 남들이 다 부러워하는 그런 아이로 자라주기를 바랐어요. 그 점은 지금도 정말 미안하게 생각하고 있어요. 진심에서 우러나와 '이런 아이로 자라주면 좋겠다'라고 생각한 게 아니라 세상 사람들을

지나치게 의식해서 그런 생각을 했으니까요. 모든 사람에게 인정받는 그런 아이로 자랐으면 하는 것 말이에요. 물론 지금도 그런 바람이 없는 건 아니지만요.

"댁의 아이처럼만 자라주면 좋겠어요"라는 말을 들으면 "아휴, 별말씀을요"라고 하면서도 속으로 기분은 엄청 좋을 것 같아요. 그런 말을 아직 들어보지 못해서 사실 정확히는 잘 모르겠지만요…….

Q | "댁의 아이처럼만 자라주면 좋겠어요." "아휴, 별말씀을요." 하는 상황은 이 지구 상 모든 엄마가 꿈꾸는 망상의 최고봉이라고 생각하는데요. 이런 꿈 안 꿔본 엄마는 없다고 해도 과언이 아닐 겁니다.

큰아들이 부모가 바라던 의대에 입학하기 위해 집을 나서면서 "엄마, 내가 얼마나 힘들었는지 생각해본 적 있어요……?"라는 말을 했다고 들었는데요. 정말인가요?

A | 맞아요. 제 큰아들이 의대에 진학하면서 입학을 위해 집을 떠날 때 '힘들었다'고 말하는 걸 들었어요. 큰 충격이었죠. 큰아이가 지금 그 말을 기억하고 있는지 어쩐지는 모르겠지만요. 그

냥 중얼거리듯 한 말이거든요. 사실 그때 저도 아이에게 한마디 하고 싶었어요. "의사가 되고 싶다고 말한 건 너잖아. 그래서 엄마도 나름대로 열심히 응원한 거잖아!"라고 말이죠.

Q | 그 아들이 의대에 가고 싶어 했던 이유가 만화책 때문이었다는 이야기를 들었습니다. 사실인가요?

A | 네, 만화책을 보더니 의대에 가고 싶다고 하더라고요. 그래서 그러라고 했습니다. 한때 엄청나게 유행했던 『우주소년 아톰』의 작가인 데즈카 오사무가 『블랙잭』이라는 의사 이야기를 만화로 그렸는데, 그 만화를 열광하면서 보더니 그런 말을 했었어요. 나중에 들어보니까 『블랙잭』에 빠져 의사가 되는 걸 목표로 했다는 사람이 꽤 많더라고요.

의대에 가서 의사가 되면 세상 사람들이 부러워하잖아요? 지금은 세상이 변해서 그 정도로 대단한 일은 아니라고 생각하지만, 그때는 저도 마냥 대견해하며 "그래? 그렇다면 엄마도 응원할게!"라고 했던 것 같아요. 하지만 만약 그때 아들이 작가가 되겠다든가 음악가 혹은 댄서 같은 게 되고 싶다고 했다면 "그게 정말로 네가 하고 싶은 일이니? 그럼 엄마가 진심으로 응원해줄

게"라고 말할 수 있었을까 하는 의문이 듭니다. 지금 생각해보면 아이는 그저 만화 속 세상을 동경해서 의대에 가고 싶다는 아주 유치하고 단순한 생각을 얘기한 건데, 부모인 제가 더 들떠서 부채질을 한 경향이 있었거든요. 물론 정확한 건 본인에게 물어봐야 알겠지만 그 얘기는 하지 않아서 모르겠네요.

Q | 부모의 가치관에 딱 맞는 꿈이라면 응원하겠다는 '부모의 이기심'을 아들도 느낄 수 있지 않았을까요?

A | 실제로 의대에 진학하는 게 생각했던 것만큼 쉬운 일이 아니었어요. 성적도 썩 뛰어나지 않았거든요. 어느 날 아이가 "만약 의대에 못 가면 컴퓨터를 가르치는 전문대학에 가고 싶어요"라고 말한 적이 있어요. 큰애가 컴퓨터를 좋아하는 걸 알고 있었기 때문에 "응, 그래?"라고 말하면서도 속으로는 애가 탔었죠. '그게 뭐야!'라고 생각했거든요.

하지만 지금 생각해보면 제가 어리석었던 것 같아요. 정말로 아이의 꿈을 응원하고 지원할 생각이라면, 그게 어떤 꿈이든 상관없지 않을까요? 부모인 내 가치관과 딱 맞는 꿈이라면 응원하겠지만, 그게 아니면 한발 물러나서 관망하는 부모의 이기심을 아이도 알았을 거라고 생각해요. 시간이 흘러 지금쯤 되니 '그래서 그때 애가 그렇게 힘들어했구나.' 하는 생각이 들어요.

Q | 시간이 흐른 다음에야 많은 걸 이해하고 깨닫게 되는 건 모든 부모들이 다 똑같은 것 같습니다. 혹시 그렇게 알게 된 것 중에 이것은 꼭 전해야겠다 하는 게 있나요?

A | 일일이 말하자면 끝이 없겠지요. 그런데 한 가지, 제가 어느 날 갑자기 제 스스로에게 충격을 받은 적이 있어요. 나름대로 아이를 많이 이해하고 있다고 생각했는데, '역시 나도 남들과 다를 게 없구나'라고 실감했던 거지요. 여전히 내 생각대로, 내 바람대로 아이를 조종하고 싶어 하는 마음뿐이라는 걸 자각했기 때문이었어요.

제가 사춘기였을 때 '내 생각대로 움직여!' 하는 투로 행동하고 말하는 어른들을 엄청나게 혐오했었어요. 그런데 내가 지금 그 어른들과 같은 짓을 하고 있다는 걸 알게 된 순간, '아, 잘못하고 있구나!'라고 깨달은 거죠.

자녀교육은 아이를 가르치는 게 아니라 도리어 아이에게 배우는 과정입니다. 나의 미련함과 부족함, 한심함, 허술함을 아이를 통해 깨달아가는 과정이라는 생각이 듭니다. 아이들을 통해 나의 그런 모습을 깨닫는 것, 생각해보면 참 재미있는 일입니다. '만약 아이가 없었다면 나는 언제쯤 나의 이런 문제를 깨달았을까? 보잘것없는 나의 모습을 언제쯤 제대로 보게 되었을까?' 하는 생각을 종종 합니다.

Q | 이미 10대 자녀를 키워낸 선배 엄마로서 10대 아이들의 반항기는 무엇이라고 생각하시나요?

A | 우리가 다른 사람의 지배 아래 살아야 한다면 그건 너무나 고통스러운 일이 될 겁니다. 어떤 의미에서는 자기 자신을 죽여야 하는 거니까요. 하지만 자기 자신을 죽이고 싶어 하는 사람은 아무도 없습니다. 그렇다면 반항으로 표출하는 것 외에 다른 방법이 없겠죠. 필사적으로 대드는 수밖에는 돌파구가 없습니다. 아주 특수한 경우가 아니라면, 부모와 자식 사이에는 어느 정도 지배하고 지배당하는 구도가 형성되어 있는 게 사실입니다. 그런 구도가 없으면 성립되기 어려운 부분도 없지 않고요. 그러니 부모와 자식이 부딪히는 것은 당연한 일입니다.

바로 이런 이유 때문에 사춘기가 되어 아이가 어느 정도 부모를 거스를 수 있는 힘이 생기면 본격적인 전쟁이 시작되는 거지요. 그 시점에서 한 번쯤 혁명을 일으키지 않으면 앞으로 나아갈 수가 없거든요. 언제까지나 자기 자신을 죽이고 부모의 지배 아래서만 살 수는 없는 노릇이니까요. 부모의 지배에서 벗어나지 않은 채 나이를 먹고 어른이 된다면 그 아이가 과연 어떻게 될지 그건 저도 잘 모르겠네요.

여하튼 저는 아이들의 혁명을 축하할 일이라고 생각합니다. 그렇게 생각을 바꾸니 이제 반항기를 자연스러운 현상으로 받아들일 수 있게 되었습니다. 갓난아기가 막 발걸음을 떼고 말을 하기 시작할 때처럼 말입니다. 지금이니까 이런 말도 할 수 있네요. '애들은 다 이렇지'라고 받아들인 상태에서 아이들을 바라보는 시선과 '절대적인 지배자 자리를 뺏길 수 없다'는 자세로 바라보는 것은 하늘과 땅 차이니까요. 역시 아이들은 끊임없이 성장하면서 부모에게 진실을 알려주는 존재인 것 같습니다.

Q│『배터리』라는 작품에는 엄마와 아이의 갈등이 아주 자세하게 묘사되어 있는데요. 아이가 엄마에게 화를 내는 것도 당연하다 싶을 정도로 엄마가 아이에게 심한 말을 하는 장면도 나옵니다. 그런데 선생님은 그것이야말로 부모 자식 관계라고 말씀하

셨군요?

A | 그 정도는 극단적이라고 할 수도 없어요. 그저 보통 수준으로 말하고 있는 것뿐이에요. 저도 자식에게 했던 말이고, 부모님께 들은 적도 있는 말이거든요. 시대와 관계없이 부모와 자식은 영원히 같은 행동을 반복한다고 생각해요. 내 부모에게 듣고 너무 화가 나서 대들었던 건 까맣게 잊고, 내가 부모가 되어 똑같은 말을 자식한테 하고 있으니까요. 이런 걸 보면 인간은 정말로 불가사의한 존재라는 생각이 듭니다.

그렇지만 저는 그런 말다툼을 하는 부분을 쓸 때, 자식이면서 동시에 부모인 입장에서 썼습니다. 제 생각을 글에 담는 것이기는 하지만 어쨌든 글을 쓰는 그 순간의 저는 자식이나 부모이기보다 '작가'이니까요. 하하

사춘기에만 보이는
내 아이의 매력

Q│ 그동안 작품 속에서 많은 사춘기 아이들을 그려왔는데요. 10대 아이들을 좋아하는 어른의 시각으로 봤을 때, 사춘기 시기가 인생에서 가장 아름다운 시기처럼 보이시나요?

A│『배터리』를 비롯한 많은 작품들에서 10대 아이들의 매력을 써보려고 했습니다. 물론 제가 알고 있는 부분만 글로 표현한 것이기 때문에 그것이 진정한 10대의 매력인지 아닌지는 잘 모르겠어요. 그렇지만 적어도 제가 보고 느끼고 포착한 사춘기는 한 사람의 일생에서 가장 늠름하고 씩씩한 시기입니다.

그 시기 아이들은 이해득실을 따지지 않고 타협을 모르잖아요. 그것이 사회생활에 꼭 필요한 덕목이라는 걸 생각도 못한 채 말이에요. 그래서 어른들은 흔히 '미성숙'이라는 단어로 그 시기 아이들의 특징을 단정지어버리지만, 사람은 누구나 자신에게든 타인에게든 엄격한 잣대를 들이대는 시기가 있습니다. 그 아이들이 아직 세상을 몰라서 그런 것이라 해도 저는 그런 예민하고 순수한 모습들이 정말 좋아 보였어요. 그 잣대가 부모나 세상을 향한 것이라 어른인 제가 좀 힘들지만 말이지요.

제 작품의 주인공인 청소년은 부모에게는 물론 선생님에게도 격렬하게 반항합니다. 이렇게 '어른들은 아무것도 몰라!'라고 생각하는 게 그 또래 아이들의 특징인 것 같아요. '왜 우리 부모님은 아무것도 모를까?' '왜 우리 선생님은 우리 맘을 몰라줄까?' 하면서요.

Q | 이해득실을 따지지 않고, 타협을 모르는 것 말고도 사춘기 아이들의 매력이라 생각하는 것이 또 있나요?

A | 그 애들은 반항을 하면서도 한편으로는 누군가를 갈망합니다. 누군가와 이어져 있지 않으면 불안감을 느끼고, 항상 누군

가와 긴밀히 이어지고 싶어 하지요. 저는 아이들의 그런 변화무쌍한 감정이 재미있고 매력적으로 느껴져요. 강하게 거부하면서도 다른 한편으로는 강하게 갈망하는 모습을 어떻게 설명해야 할까요?

있는 그대로의 나를 전부 받아들여주고 이해해주는 사람을 진심으로 갈구해본 적이 있나요? 제 과거를 돌아봐도 그런 적은 거의 없었던 것 같아요. 연애도 하고 결혼도 했지만 거기에는 부수적인 요인들이 반드시 있었습니다. 하지만 그들에게는 그런 게 없어요. 그저 순수한 마음으로 사람을 갈망합니다.

그러면서 감정 제어는 잘 되지 않아 적대심 같은 감정은 또 금방 들키고 맙니다. 이런 감정의 표출은 본인에게도 마이너스고 주변 사람들에게도 영 성가신 일이 아닐 수 없습니다. 그럴 때마다 어른들은 "그냥 말한 건데 뭘 그렇게 화를 내?" "왜 아무 말도 못하는데?" 하고 다그칩니다. 하지만 아이들은 아무 대답도 하지 못해요. 말로 설명할 수 있을 만큼 냉철하고 이성적이라면 그런 식으로 감정을 폭발시키지 않을 테니까요. 말로는 표현할 수 없을 만큼 주체 못할 감정들을 품고 있는 것이지요. 그래서 흥미가 생겨요. 본인의 감정을 주체하지 못하고, 도대체 어떻게 하면 좋을지 몰라 쩔쩔매는 시기가 사춘기 말고 또 있나요? 성인들은 절충하고 타협하는 방법을 알지만 아이들은 그렇지 못합니다.

사춘기 아이의 감정 상태는 설명할 수 없는 뭔가로 이어져 있습니다. 아이들은 그것을 어떤 무거운 쇠사슬이 짓누르는 듯한 느낌에, 혹은 닻을 발에 걸고 있는 듯한 느낌에 휩싸여 지내는 것 같아요. 그 짓누르는 힘이 부모일 수도 있고, 어른들의 선입견일 수도 있습니다. 반항기란 그런 쇠사슬을 혼자 힘으로 끊고 자유롭게 비상하고 싶은 시기가 아닐까요?

제 자신을 돌이켜봐도 그런 생각이 듭니다. 아이들 마음속에는 '타인과 다른 나'라는 존재를 찾기 위해 쇠사슬을 끊어야 한다는 중압감이 있습니다. 하지만 세상 돌아가는 물정도, 시스템도 모르는 게 문제죠. 자신의 재능이나 능력의 한계가 어느 정도인지조차 모릅니다. 10대 때는 모르는 것투성이입니다. 실체를 아는 게 하나도 없습니다. 그렇지만 저는 그런 모습이야말로 10대의 힘이자 매력이라고 생각합니다. 모르는 것을 알아가는 과정에서 꿈을 가질 수 있으니까요. 그 꿈이 과연 이루어질지는 본인도 모릅니다. 물론 부모나 교사도 단언할 수 없기에 젊음이란 참 흥미롭고 재미있지요.

감정을 주체하지 못하고 타협을 모르는 채로만 살아간다면 얼마나 힘들겠어요. 하지만 다행히 어른이 되어가면서 조금씩 타협하는 방법을 알아갑니다. 버릴 줄도 알게 되고 포기할 줄도 알게 되면서 자기 이미지를 만들고 현실에 맞추어 재단하는 기술을 터득해가는 거지요. '그래, 이 정도면 됐어.' 하고 말이에요.

때로는 좌절도 하고 실망도 할 것입니다. '절망이라는 게 이런 거구나.' '좌절감이라는 게 이런 기분이구나.' 하고 인식하진 못하더라도 분명히 느끼고 깨닫습니다.

사실, 잘 모르기 때문에 꿈도 크게 품을 수 있는 거라 생각해요. 문득 정신을 차려보면 10대 때 생각했던 것과는 전혀 다른 자리에 와 있는 게 보통이니까요. 어떤 사람은 10대 시절 품었던 꿈의 일부가 자라나서 생긴 작은 줄기 끝에 매달려 있기도 합니다. 또 어떤 사람은 완전히 다른 곳에 있지만 나름대로 만족스러운 인생을 살고 있는 경우도 있습니다. 어른이 된다는 건 이런 게 아닐까요? 정말 재미있는 일입니다.

재단하는 기술을 모르는 아이들에게는 길들여지지 않은 야수처럼 사람을 끄는 매력이 있어요. 타협을 모르고 돌진하는 그 무모함이 너무나 멋진 거죠. 그래서 저는 사춘기는 인생에서 가장 찬란하고 아름다운 시기라고 생각합니다.

물론 화가 날 때도 있어요. '아무것도 모르면서 어떻게 저렇게 건방지지?' 하는 생각이 순간순간 들기도 합니다. 저도 성인군자가 아니기 때문에 '애들이니까 저럴 수도 있지, 뭐'라고 너그럽게 넘기지만은 않거든요. 그래도 10대는 가장 아름답고 섬세하고 예민하게 사는 사람이라는 생각에는 변함이 없습니다. 그런 아이들 곁을 지킬 수 있는 건 그 아이를 낳았다는 특권 덕분이지요. 그런데 그걸 뻔히 알면서 '키우기 힘들다, 낳지 말 걸 그랬다'라고 하면 그 특권이 너무 아깝지 않을까요?

Q | 중학생을 대상으로 한 어떤 강연에서 "사춘기 아이들에게서는 빛이 납니다. 그런데도 자기들이 얼마나 빛나는 존재인지 모르는 것 같아요"라는 이야기를 한 적이 있는데요. 그들에게 전해주고 싶은 말이 있다면 무엇인가요?

A | 중학생들로 가득 찬 교실에 들어선 순간 아이들이 하나같이 빛을 발하고 있다는 생각을 했습니다. 중학교 1학년이지만 아직 초등학생티를 벗지 못해 앳된 아이도 있었고, 쑥스러운 듯 계속 고개를 숙이고 있는 여자아이도 있었어요. 하지만 모두 정말 예뻐 보였지요. 정작 제 아이들을 키울 때에는 사춘기가 된 애들을 보면서 그런 생각을 못했던 게 아쉽지만요.

아이들이 멋있어 보일 때는 그때그때 말해주는 게 좋을 거 같아요. "너 요즘 진짜 멋진데?"라고 말입니다. 아이 교육을 위해서나 아이와의 관계를 좋게 만들기 위해서라기보다는 아이들에게 선물을 주는 의미로 말이에요. "너 정말 멋있어!"라는 엄마의 말이 아이에게 얼마나 큰 선물이 될지 상상해보세요.

아이들은 언젠가 지금의 나와는 전혀 다른 인간이 되어 전혀 다른 곳에서 살아가게 될 것입니다. 아주 먼 곳으로 가서 나와는 전혀 다른 길을 걷게 되겠지요.

언젠가는 부모와 아이가 헤어져야 한다는 사실, 결국 아이는 부모와 다른 인생을 산다는 사실을 부모는 이미 다 알고 있다고 말해줄 필요가 있습니다. "엄마 아빠는 신경 쓰지 말고 날개를 펼쳐서 저 멀리 날아가렴." 같은 멋들어진 말을 해주는 것도 좋습니다. 저 역시 소용돌이 속에 있을 때는 그런 얘기를 해줄 각오를 다지는 게 몹시 어려웠지만요.

그러면 아이들도 가벼워질 겁니다. 사춘기 아이들을 옭아매고 있는 쇠사슬을 전부 잘라버릴 수는 없겠지만 그중 하나쯤은 자를 수 있을 테니까요. "너는 비상할 수 있어!"라고 말해주는 부모를 아이들은 존경하게 될 거예요.

아이를 대하는
전략이 필요하다

Q | 매력적이지만 다루기 어렵고 예민하며 섬세한 반항기 아이들에게는 '가능한 한 부딪치지 말고 대응하기' 전략을 쓰라는 말씀을 하셨는데요.

A | 반항기 아이를 대하는 데 정답은 없습니다. 차라리 더 극단적으로 표현해 '필사적으로 부딪치지 말기' 전략을 써보면 어떨까요?

부모가 필사적으로 대응하면 그야말로 전면전이 됩니다. 전면전은 모두를 지치고 힘들게 만들 뿐이고요. 아이의 목숨이 달린

일, 예를 들어 당장 수술을 하지 않으면 위험한 상황이 예상된다든가, 학교에서 벌어지는 왕따 문제처럼 어른이 움직여서 해결해야 하는 사안은 별개입니다. 그런 게 아니라면 60퍼센트 정도는 힘을 빼는 것이 중요합니다. 내 안에서 아이가 차지하는 부분이 100이라면 24시간 내내 100의 정성과 힘으로 아이 생각만 하면서 살아야 하잖아요? 그러지 말고 그 비율을 가능한 한 줄이고 다른 것을 넣는 거지요. 부모의 시간을 만드는 작업은 상당히 중요한 일입니다.

아이 일은 뒷전에 두는 겁니다. 생존과 아무 관련이 없는 평범하고 일상적인 문제는 그냥 두고 보나, 필사적으로 매달리나 그 결과가 비슷합니다. 오히려 필사적으로 매달릴 때 더 꼬이는 경우도 많지요. 그렇다면 내가 정말 필사적으로 매달릴 필요가 있는지를 곰곰이 생각해보는 게 중요합니다.

예를 들어 아이가 방으로 들어가서는 난폭하게 쾅 문을 닫습니다. 그리고 방문을 걸어 잠가버립니다. 이때 문고리를 따고서라도 안으로 들어가는 게 좋은지, 아니면 아이는 방 안에서 자기가 좋아하는 일을 하고 있을 테니 나는 나대로 밖에서 다른 일을 하면서 시간을 보내는 게 좋은지 생각해보는 겁니다.

제 경험에 비춰보면, 이러지도 저러지도 못한 채 안절부절못

할 때 자기 무덤을 스스로 파는 경우가 의외로 많습니다. 그러니 일단 고민을 좀 해보고 아니다 싶을 때는 명쾌하게 행동해야 합니다. 멋진 찻잔에다 홍차를 우려내 마시면서 친구와 수다를 떤다든가, 영화를 보러 간다든가 하는 식으로 본인이 좋아하는 일을 하는 게 서로의 정신 건강을 위해 훨씬 바람직합니다.

Q | 사춘기 아이를 둔 엄마는 아이에게 필요 이상으로 매달리는 경향이 있다는 선생님의 생각은 잘 알겠습니다. 그렇다면 작품을 통해서 정말로 전하고 싶었던 메시지는 무엇인가요?

A | 주인공 아이를 제대로 봐달라는 게 가장 큰 부분이에요. '어른들은 아이들을 통해 변화한다'는 메시지가 그 큰 부분에 달린 작은 부분이고요. 『배터리』에 나오는 엄마나 선생님을 보면 '아이들 때문에 어른의 많은 부분이 바뀌기도 한다'는 것을 알 수 있거든요.

Q | 선생님 작품을 보면 고민하는 아이가 걱정스러워서 엄마 또한 자신의 자매들에게 조언을 구하며 고민하는 장면이 나옵니다. 하지만 좀 더 읽다보면 스스로 돌파구를 찾는 모습이 그려지

던데요.

A | 개인의 행동이나 사람 사이의 관계를 특별히 어떤 패턴으로 도식화하고 싶지는 않았어요. 모든 걸 다 알고 지배하는 부모와 고민하고 지배당하는 자식, 또는 무턱대고 다그치는 부모와 반항하는 아들, 그런 식으로 도식화해버리면 더 이상 생각할 여지가 없어져버리니까요.

상호 관계 속에서 변해가는 게 인간의 특징이고 흥미로운 부분 아닐까요? 부모와 자식이 얽히고설키면서 정신적으로 밀접한 관계를 맺는 것도 사춘기 아이와 부모 사이의 특징이라고 생각합니다.

20대, 30대가 된 아들에게 지나치게 들러붙는 엄마는 꼴불견이지만, 아들이 어릴 때는 친밀하다 못해 일심동체가 되는 게 자연스러운 현상입니다. 사춘기 때처럼 부모와 자식이 복잡하면서 끈끈하게 관계를 맺는 시기는 없다고 생각합니다. 서로 인격을 가진 존재로서 마주하고 있지만, 사실 지나치게 끈끈한 부분도 있잖아요. 아이의 사춘기 시절에만 맺을 수 있는 특별한 관계 속에서 부모가 변하는 부분도 분명히 있을 테고요. 부모가 조금만 더 객관적으로 변한다면 아이들도 그런 부분을 나름 행복으로 느끼게 될 거라고 생각합니다.

Q | 작품을 통해 많은 것을 보여주셨지만, 정작 본인은 그러지 못해서 정말 아쉽다고 하셨지요? 소용돌이 속에서 그런 즐거움을 알았다면 얼마나 좋았을까 하는 후회를 한다고 하셨는데요.

A | 안타까운 부분이에요. 그나마 딸을 키우면서는 그런 재미를 조금 알았습니다. 마지막에 아주 조금이요. 베테랑이 된 거지요. '나 정말 베테랑이 된 거 같은데?' 하고 생각했습니다.

이건 농담이고요. 그보다는 운이 좋았어요. 딸에게 아주 좋은 친구들이 있었거든요. 참 순수한 아이들이었어요. '인생 뭐 있어, 즐기면 되지!' 하는 귀여운 낙관주의자들이었죠.

저희 집이 역 바로 앞에 있거든요. 딸은 전철을 타고 통학했는데, 매일 학교가 끝나면 친구들과 함께 우르르 저희 집에 몰려와일단 쉬었다 가곤 했어요. 제가 숨겨놓은 과자도 꺼내 먹고, 냉장고를 열어 이것저것 다 꺼내 먹었지요. 나중에 이게 없어졌네, 저게 없어졌네 하고 수선을 떨기 일쑤였고요. 남자애들이고 여자애들이고 할 것 없이 일단 저희 집에 모였다가 헤어지곤 했죠. 역 쪽에서 와자지껄한 소리가 들려오면 '아, 벌써 애들이 돌아올 시간이구나!' 하고 알 정도였습니다. 그 나이 또래 애들답게 목소리가 얼마나 우렁찼는지 몰라요. 그 소리가 점점 가까워지다가 "다녀왔습니다!"를 합창하면서 집에 들어오는 거죠. 그림처럼 행복한 고교 시절이었죠. 아마 그때처럼 즐겁고 행복한 시절은 없었을 거예요.

매일 즐거워서였는지 딸아이는 속박이나 구속도 별로 느끼지 못했던 것 같아요. 졸업하면서 "엄마, 나는 매일 웃으면서 살아온 것 같아"라고 말한 적이 있어요. 그 말을 듣고 '그래, 나도 많이 웃었지'라는 생각을 했습니다.

그렇게 평생 학생일 것만 같던 딸애가 벌써 결혼을 해서 아이를 낳고 엄마가 되었답니다. 둘째 아들도 아빠가 되었고요. 서른, 스물아홉, 스물다섯이거든요. 어느새 그런 나이들이 되었네요. 아이들이 어른이 된 만큼 저도 늙었을 텐데, 그런 건 생각도 못한 채 말이에요.

Q | 마지막에 겨우 웃을 수 있었다는 게 딸의 사춘기 시절이군요. 그럼 지금 선생님의 매니저를 하고 있는 둘째 아들은 어떻게 키우셨나요?

A | 그 아이는 중학교 3학년이 되더니 갑자기 학교에 가지 않겠다고 했어요. 6월부터 쭉 안 갔으니까 3학년 내내 거의 안 갔다고 할 수 있겠네요. 물론 졸업식에도 참석하지 않았고요. 그 이유는 아직도 잘 모르겠어요. 지금도 그때 얘기는 하지 않거든요. 친구들하고 이런저런 일이 있었던 것 같은데 자세히는 모르겠습니다.

그때는 걱정을 정말 많이 했어요. 자기 방에서 꼼짝도 하지 않으니까, 혹시 죽은 건 아닌지 가슴 졸인 적도 많아요. 그러다가 발소리가 들리면 겨우 안심하고 그랬어요.

고등학교를 좀 먼 데로 가면서 다시 학교에 가기 시작했어요. 학교에 다시 가게 된 계기가 뭔지도 잘 모릅니다. 아들이 혼자 힘으로 다시 일어섰는지 아니면 다른 이유가 있었는지는 잘 모르겠지만 저는 아무것도 해주지 못했습니다. 그저 속이 상해서 "학교에 가야지, 안 가면 어떡해! 왜 남들 다 가는 학교에 너는 못 가겠다는 거야?" 하면서 다그치기만 했습니다. 지금 생각해보면 내 잘못이 컸던 것 같아요. 그래서 아직도 마음의 짐으로 남아 있고요.

아들들에게는 갚아야 할 빚이 하나씩 있는 것 같아 마음이 무겁습니다. 다만, 이런 생각을 하고 있다는 것 자체가 약간 위안

이 돼요. 제 잘못을 충분히 알고 있다는 거니까요.

부모 자식 관계라는 게 가끔 적대적인 관계가 될 때도 있다고 생각합니다. 동시에 세상에 둘도 없는 협력자 또는 보호자이기도 하지만요. 그래서 더 적대적인 사이가 되는 게 아닐까요? 자식에게 있어서 부모란 넘어뜨려야 할 적이면서 보호받고 싶은 존재이니까요. 이런 상반되는 마음과 여러 가지 현실을 고려해 보면, 자식과는 필연적으로 이해 대립이 생기기 때문에 적대시하는 측면이 있을 수밖에 없어요. 부모는 이 사실을 깨닫고 각오를 다져야 합니다.

부모가 할 수 있는 일은 나 자신을 바꾸는 것밖에 없습니다. 상대방을 바꿀 수는 없으니까요. 내가 바뀌어야 합니다. 그게 '어른'이라고 생각합니다. 하지만 나를 바꾸는 게 쉬운 일은 아닙니다. 그때그때 상황을 판단하면서 바꾸어야 할 부분은 바꾸고, 절대적으로 지켜야 하는 부분은 지켜야 하니까요. 나의 가치관을 바꾸고 생각을 정리하면서 상대방을 냉정하게 판단하고 대처하는 건 결코 쉬운 일이 아닙니다. 그러니 그게 불가능한 아이들 대신 어른이 바뀌어야 하는 것이지요.

Q | 마지막으로 10대의 사춘기 아이들을 둔 부모에게 들려주

고 싶은 당부의 말씀은 무엇인가요?

A | 가능하면 어깨의 힘을 뺀 채 유연한 마음을 가지라고 말씀 드리고 싶습니다. 아이들은 그래야 하는 상대거든요. 내가 무장을 하면 상대방도 무장을 할 확률이 큽니다. 그게 인지상정이니까요. 그러니 부모는 가능한 한 무장하지 말아야 합니다. 무장 해제를 할 수 있는 쪽은 아이가 아니라 부모입니다. 아이들은 자기 인생에서 가장 훌륭한 전사로 사는 시기인 만큼 어쩔 수가 없다고 인정하는 게 맘 편하겠지요. 다시 한번 말씀드리지만 어른이 달라져야 합니다. 그리고 즐겨야 합니다.

아사노 아츠코 아사노 아츠코 선생님은 서른, 스물아홉, 스물다섯 살의 세 자녀를 둔 엄마이자, 아동문학 작가입니다. 1954년 일본 오카야마에서 태어난 선생님은 『배터리』라는 청소년 성장 소설로 일본의 800만 독자들과 폭넓은 공감대를 형성했습니다. 『배터리』로 일본 내 권위 있는 아동문학상인 노마아동문예상을 수상하였으며, 『배터리 2』로 일본 아동문학자협회상, 『배터리 1~5』로 소학관아동출판문화상을 수상하였습니다. 대표작인 『배터리』 외에도 『무한도시 NO.6』, 『The MANZAI』 등을 집필하였습니다.

엄마도 성장이
필요하다

이번 장에서는 「como」라는 월간 잡지에서 10대 자녀를 둔 100명의 부모를 대상으로 한 설문 조사 결과를 바탕으로 그에 따른 각 전문가의 의견을 들어보았습니다. 「como」는 주로 30대, 40대 주부를 대상으로 해 육아나 패션 등을 다루고 있으며, 매월 10만여 부를 발행하고 있습니다.

우리 아이만
유별난 게 아니다

엄마가 느끼는 아이의 반항기

착하고 순진하기만 하던 우리 아이가 거친 말을 아무렇지 않
게 내뱉곤 하는 시기가 반항기입니다. 이런 시기를 전혀 겪지 않
는 아이는 없습니다. 다만 반항의 정도와 그것을 표현하느냐 안
하느냐의 차이만 있을 뿐이지요. 내 아이의 반항기와 관련된 설
문에 참여한 대부분 엄마들은 '아이의 반항기'를 느낀다고 했으
며, 그와 관련된 에피소드도 다양했습니다. 그 결과들은 다음과
같습니다.

Q | 우리 아이가 반항기라고 느껴본 적이 있나요?

A | 자주 느낀다 : 17명

　　가끔 느끼는 편이다 : 57명

　　아주 가끔 느낀다 : 26명

　　전혀 없다 : 0명

Q | 그렇다면 반항기는 언제부터라고 생각하나요?

A | 초등학교 1학년부터 : 1명

　　초등학교 3학년부터 : 4명

　　초등학교 4학년부터 : 6명

　　초등학교 5학년부터 : 14명

　　초등학교 6학년부터 : 40명

　　중학교 1학년부터 : 19명

　　중학교 2학년부터 : 13명

　　중학교 3학년부터 : 3명

아이들은 빠르면 초등학교 3학년부터 조금씩 기미를 보이다가 초등학교 고학년에서 중학생이 되면 본격적으로 반항적인 행동을 보이기 시작합니다. 하지만 자의식이 높아지고 부모로부터 자립하고자 하는 마음이 공격적인 태도로 나타나는 '제2 자기주장기=반항기'는 발달적인 측면에서 보면 매우 자연스럽고 건강한 행동입니다.

엄마들은 '얼마 전까지만 해도 여리고 순하기만 하던 아이가 갑자기 왜? 다른 집 애들도 다 이런가? 대체 어떻게 상대해야 하지?' 하는 등의 고민을 하게 되는데요. 그래서 반항의 표현을 어떻게 하는지 구체적으로 물어봤습니다.

Q | 아이가 어떤 식으로 반항하나요? (복수 응답 가능)

A | 짜증 섞인 표정과 태도로 신경질을 낸다 : 47명
　　욕설을 자주한다 : 18명
　　거친 행동을 보인다 : 14명

⊙ **짜증 섞인 표정과 태도로 신경질을 낸다 : 47명**
부모에게 신경질을 낸다는 반응이 가장 많았는데요. 그 구체

적인 반응은 남자아이인지 여자아이인지에 따라 조금씩 다르게 나타났습니다.

여자아이들의 반응

- 무슨 말만 하면 "다른 애들도 다 한다니까!"라고 하거나, 시험 점수에 대한 이야기를 하면 "다른 애들은 나보다 더 못했다고!" 하면서 대든다. 그냥 순순히 "네." 하면서 지나가는 법이 없다.
- "이건 이렇게 하는 거 아니니?"라는 식으로 물어보면 무서운 눈으로 째려본다.
- 할머니나 할아버지가 오늘 학교에서 무슨 일이 있었는지 이런저런 것들을 물어보면 퉁퉁 부은 얼굴로 성의 없이 대답한다.
- 별로 궁금하지 않은 것들은 잘 말하면서, 학교나 학원에서 있었던 일 혹은 친구 관계 같은 중요한 일들은 말해주지 않는다. 물어보면 무시하거나 화만 낼 뿐이다. 그러고는 절대 사과하지 않는다.
- 아빠가 가까이 다가오면 싫은 기색을 하곤 "저리 가!"라며 피한다.

- 공부를 하다가 "으악! 하나도 모르겠어!"라며 소리를 치고 동생에게 괜한 화풀이를 한다.
- 누구랑 어디서 뭐 하다 올 건지 물어보면 "엄마랑 갈 거 아니니까 관심 꺼"라고 하며 짜증을 낸다.
- 자기가 일찍 깨워달라고 해서 깨워줬는데 "알았어. 알았다니까. 일어나면 될 거 아니야!"라며 신경질을 낸다.
- 학교에서 무슨 일 없었냐고, 친구들은 어떠냐고 물어보면 "그냥 그래"라고 성의 없이 대답한다.

남자아이들의 반응

- 뭘 부탁하면 "알았어, 지금 한다고"라는 대답만 하고 잘 해주지 않는다.
- 공부 좀 하라고 하면 "이따 할 거야." "지금 하려고 했는데, 할 마음이 없어졌어." 따위의 대답을 해서 늘 말다툼을 하게 만든다.
- 일상적인 생활이 온통 불만투성이다. 주의하라고 하면 "또 시작이네"라면서 짜증을 내기 일쑤다.
- 친구와 관련된 이야기만 꺼내면 "상관하지 마. 엄마가 뭘 알아?" 하면서 퉁명스럽게 반응한다.

- 아빠에게 꾸중을 들으면 더 심하게 반항하거나 "아휴, 지겨워"라며 들으라는 듯 중얼거린다.
- 말 한마디 한마디에 토를 달면서 사사건건 부딪친다.
- 아침에 준비물은 챙겼냐, 늦지 않았냐고 물어보면 "일일이 말 안 해도 다 안다니까! 나 어린애 아니니까 그만 좀 하라고!"라며 반항한다.
- 비가 와서 학교로 마중을 갔더니 "자전거 타고 가면 되는데 왜 왔어? 자전거 두고 가면 놀러 못 가잖아!"라며 버럭 화를 냈다. 옆에 있던 친구가 깜짝 놀랄 정도로 말이다.

⊙ 욕설을 자주한다 : 18명

하지 않던 욕설을 자주 한다는 것이 두 번째로 많은 응답이었는데요. 꼭 욕이 아니더라도 '거친 표현'을 많이 사용한다고 합니다.

- 엄마인 나를 '아줌마'라고 부를 때가 있다.
- 이성 친구에 대한 이야기를 꺼내기만 하면 "저리 가!" "재수 없어!" "짜증나!" 등의 말을 하며 소리를 친다.
- 공부하라고 하거나 청소 좀 하라고 하면 "아, 짜증나"라고 하

며 지겨워하거나 "저리로 좀 꺼져!" 등의 심한 말을 할 때도 있다.

- 사람들의 시선을 의식하는 중학교 3학년 아들이 "나한테 말 좀 걸지 마!"라거나 "다른 사람들 앞에서 내 이름 좀 부르지 마"라는 말을 한 적이 있다.

- 잘 이야기하다가도 뭐가 하나 마음에 안 들면 "시끄럽다고." "그래서 그게 뭐 어쨌다고?" 하며 상대방을 화나게 만드는 말을 아무렇지도 않게 한다.

- 잘못에 대해 주의를 주면 "뭐라고? 무슨 말인지 잘 모르겠는데?" 하며 화를 돋운다.

- 게임하지 말라고 주의를 주면 "아, 또 시작이네. 시끄러워!" "좀! 그만 좀 하라고!"라며 대든다. 그래서 화를 내면 듣기 싫다는 투로 짜증을 낸다.

- 심부름을 시키면 "왜 나만 시키냐고! 동생 시키면 되잖아!"라고 화를 낸다. 사 달라는 것을 사 주지 않으면 "짠순이 아줌마"라며 비아냥거린다.

- 치마가 너무 짧은 것 같다고 주의를 주면 "나만 짧은 거 아니거든." "엄마가 무슨 상관이야!" "재수 없어." 등으로 퉁명스럽게 반응한다.

- 중학교 3학년 수험생인 아이에게 공부하라고 했더니 "시험 같은 건 대체 왜 있는 거야!"라며 고함을 쳤다.

⊙ 거친 행동을 보인다 : 14명

욕설 사용과 비슷한 빈도를 보인 것이 바로 거친 행동입니다. 원하는 것을 들어주지 않을 때뿐만 아니라 예상치 못한 때에도 거친 행동을 한다고 했습니다.

- 무슨 일을 시키면 "왜 내가 해야 되는데? 동생 시키면 되잖아?" 하면서 툴툴거린다. 그래서 "그냥 네가 하면 안 되겠니?"라고 하면 거칠게 벽을 치면서 씩씩대다가 자기 방으로 휙 들어가버린다.
- 시험 전날 텔레비전만 보고 있기에 공부하라고 텔레비전을 껐더니 왜 끄냐며 반항하던 중 리모컨을 거실 바닥에 던져서 부숴버렸다.
- 혼을 냈더니 삐쳐서 책상 밑으로 들어가 울다가 한밤중에 밖으로 뛰쳐나가버렸다.
- 동생과 싸우고는 자기 분을 참지 못해 벽을 발로 차서 구멍을 냈다.

- 혼을 내면 쿵쿵거리는 거친 걸음걸이로 자기 방에 들어가버린다.
- 자기가 원하는 휴대전화를 사 주지 않는다고 거칠게 항의하더니, 방에 들어가서 닥치는 대로 물건을 집어던졌다.

Q | 그에 대한 부모의 반응은 어떠한가요? (복수 응답 가능)

A | 어른스럽게 대처한다 : 44명

　　아이가 반항한 것처럼 똑같이 화를 낸다 : 39명

　　기타 : 18명

◉ **어른스럽게 대처한다 : 44명**

다행스럽게도 부모는 반항기의 아이들과는 달리 성숙한 '어른'입니다. 그래서인지 어른스럽게 대처한다는 반응이 가장 많았습니다.

- 공부가 시시하다, 앞으로 사는 데 필요한 것도 아닌 걸 왜 해야 하느냐고 화를 낼 때는 "맞아, 그건 그렇지. 하지만 공부는 네 자신을 위해 하는 것이 아닐까?" 하며 다독인다.

- 침착한 어투로 "지금 한 말은 너무 심한 것 같지 않니?"라고 하면 아이도 반성의 기미를 보인다.
- 반항적인 태도를 보일 때는 아무 반응도 하지 않는다.
- 마음은 알겠지만 방금 네가 한 행동은 너무 심했다고 조심스럽게 타이른다. 그러면 잠깐 다른 방에 가 있거나, 아무 말도 안 하고 있다가 어느새 기분이 풀어져 있다.
- 어릴 때와는 달리, 어른이 느끼는 생각과 감정에 대해 설명해주면 의외로 말귀를 잘 알아듣는다.

◉ 아이가 반항한 것처럼 똑같이 화를 낸다 : 39명

어른도 사람이기 때문에 상대방이 화를 내면 같이 화를 내게 되지요. 아이의 반응에 같은 방식으로 대처하는 부모들도 상당히 많았습니다.

- 말을 해도 안 들으면 "대체 하루에 몇 번씩 같은 말을 하게 하는 거야!" 하며 화를 낸다. 그러면 아이도 지지 않고 대들어서 매일같이 전쟁을 치른다.
- 참지 못하고 큰 소리로 화를 낸다. 그러면 딸도 "그렇다고 그렇게 화를 낼 필요는 없잖아!"라면서 대든다.

- 큰 소리로 화를 내거나 서럽게 운다. 그러면 자기가 잘못했 다고 한다. 가끔은 부모의 답답한 심정을 토로할 필요가 있 는 것 같다.
- 반항이 심할 때에는 "밖으로 내쫓아버린다!"라고 협박하면 서 끌어낸다.
- 가능하면 참으려고 노력하지만 도저히 참지 못하겠을 때는 "지금 그 말투는 뭐야!"라고 화를 낸다. 그러면 그 두세 배에 달하는 폭탄이 날아들어 전쟁이 시작된다.
- 아이의 버르장머리 없는 말을 못 들은 척 하고 "응? 지금 무 슨 말 했니?" 하면 "아무 말도 안 했어"라고 꼬리를 내린다.

◉ **기타 : 18명**

어른스럽게 대처하거나 똑같이 되갚아주는 것 말고도 여러 가 지 대응이 나왔는데요. 다음과 같았습니다.

- 내가 뭘 잊어버리거나, 약속을 깜빡했을 때는 아이가 "저번 에 이야기했잖아!"라고 과민반응을 보이기도 하지만, 내가 잘못한 것이니 미안하다고 사과한다.
- 예민해져 있는 것 같으면 맛있는 음식을 해 주거나 데리고

나가서 기분을 풀어준다. 그러고는 마음이 풀어진 것 같으면 그때를 기회 삼아 하고 싶었던 이야기를 한다.

• 큰애가 반항을 하면 둘째하고만 이야기를 한다. 그러면 며칠 가지 않아 자연스럽게 풀어져서 대화에 끼어든다.

• 별로 내키지는 않지만 농담을 하면서 기분을 맞춰준다.

설문에 참여한 세 엄마의 속 이야기

엄마 1 : 내가 정말 어이가 없어서……!

엄마 3 : 왜요?

엄마 1 : 아들이 욕실 문을 난폭하게 닫는 바람에 부서져버렸지 뭐예요.

엄마 3 : 중학생이 되면 힘도 세지니까요. 근데 대체 왜 그런 거래요?

엄마 1 : 빨리 목욕하라고 말한 죄밖에 없어요. 그 말 좀 했다고 "알았다니까!"라고 하면서 신경질을 내더니 문이 부서져라 닫더라고요.

엄마 3 : 아하하! 엄마, 엄마 하면서 빽빽 울어대던 녀석한테 벌써 사춘기가 왔군요. 저한테는 반갑게 "안녕하세요?"라고 인사도 잘하던데.

엄마 1 : 그 이중적인 태도를 말해 뭐해요. 욕실에서 나오면 또 천연덕스럽게 밥 언제 먹냐고 물어본다니깐요.

엄마 3 : 우리 딸도 그래요. 이런저런 이야기 잘 하다가 갑자기 "별로, 글쎄." 하면서 안면을 싹 바꾼다니까요.

엄마 1 : 어떤 때는 말도 심하게 하고 제멋대로 굴어서 사람 속을 뒤집어놓질 않나, 어떤 때는 또 언제 그랬냐는 듯이 엉겨붙질 않나……. 정말 어이없는 녀석이에요. 그런데 설문 결과를 보니 그런 집이 많더라고요. 어른인지 앤지, 도통 감을 잡을 수가 없어요.

엄마 2 : 우리 애는 아직 반항기가 아닌지, 어린애 같아요. 제가 사 온 옷은 안 입으려고 하지만요.

엄마 1 : 아휴, 좋으시겠네. 부럽네요. 설문 결과를 보니까 애들 반항하는 것도 가지가지던데요?

엄마 3 : 양상은 여러 가지인데 전반적인 상황은 비슷한 거 같지 않아요? 공부해라, 청소해라 같은 명령조의 말에 심한 거부감을 느끼는 것 같더라고요.

엄마 2 : 사춘기 애들의 특징이 '내 일은 내가 알아서 한다'는 마음이 강한 거래요. 자립하기 위해 성장하고 있다는 증거라나 뭐라나.

엄마 1 : 맞아요. 제가 중학생이었을 때를 생각해보면, 내 허락도 없이 엄마가 방에 들어와서 청소해주는 게 그렇게 싫었거든요. 지금은 누가 청소해준다고만 하면 얼씨구나 하고 맡길 텐데 말이죠.

엄마 3 : 엄마가 사 온 옷을 안 입겠다는 것도 반항의 일종인 것 같아요. 아주 순하고 착한 반항이요.

엄마 1 : 사춘기 애들은 대체 어떻게 대해야 하는 거예요? 저는 애가 눈을 흘기기만 해도 "왜? 뭐가 문젠데?" 하면서 한 술 더 떠요. 시끄럽다고 하면 "뭐어? 엄마한테 감히 시끄럽다고?" 하는 식으로 끝까지 물고 늘어지는 거죠.

엄마 2 : 어머, 센데요? 그럼 아드님은 어떻게 나오는데요?

엄마 1 : 가만히 있을 때도 있고, 더 발악을 할 때도 있고 그렇죠. 남편은 우리 둘이 말다툼하는 걸로밖에는 안 보인대요. 그런데 그렇게 방관만 하던 남편이 최근에 딸한테 "가까이 오지 마!"라는 말을 듣고는 엄청 충격받은 것 같더라고요. 딸들은 다루기 정말 어려워요.

엄마 3 : 글쎄 말이에요. 어떻게 하는 게 맞는 건지 잘 모르겠어요.

엄마 2 : 설문 결과를 보니까 이젠 폭풍이 좀 가라앉은 것 같다는 엄마들도 있던데, 아마 우리랑 똑같은 과정을 거쳤겠죠? 같이 한바탕하기도 하고, 그냥 두기도 하고 이런저런 갈등이 있었을 테니까 말이에요. 그 나이 때 애들과 엄마는 그런 식으로 의사소통을 하는 거라고 생각하는 게 마음 편할 거 같아요.

엄마 1 : 그러게 말이에요. 지금이 부모 자식 간에는 가장 중요한 시기인 것 같아요.

'반항'과 '자립'은
종이 한 장 차이

시오미 토시유키

반항기, 꼭 필요할까?

아이들이 반항을 하면 부모는 화를 내지만, 아이들의 이런 행동은 '자립'을 위해 반드시 필요한 것입니다. 아이가 초등학생일 때는 부모가 "6시까지 들어와"라고 하면, 별일 없는 한 대개 그 시간에 맞춰서 들어오려고 노력을 하지요. 하지만 중학생이 되면 달라집니다. '왜 내 귀가 시간을 엄마가 정해주는 거지?'라는 반항심이 생기는 것이죠.

그럴 때 아이의 마음속에서는 대체 무슨 일이 벌어지고 있는 걸까요? 지금까지는 귀가 시간은 물론, 해도 되는 일과 안 되는 일의 기본을 모두 어른들이 정해줬고, 아이들은 별생각 없이 그대로 따라왔습니다. 하지만 아이들의 정신연령이 성장하면서 '내 행동을 왜 엄마 아빠가 규제하는 거지?' 하는 의문을 갖게 됩니다. 그리고 그와 동시에 '내 행동 규범은 내가 정하겠어!'라는 욕구가 강해집니다.

바로 정해진 틀에서 벗어나 상대적인 관점에서 사물과 현상을 보려고 하는 욕구가 생기는 거지요. 때로는 순간적으로 '가게에 있는 저 많은 물건 중 하나 정도는 그냥 가져가도 되지 않을까?' 하는 어처구니없는 생각을 할 때도 있습니다. 하지만 바로 '가게 주인한테 걸리면 혼날 테고, 마음도 찜찜하니까 하지 말자. 역시 나쁜 일이야'라고 생각을 바꿉니다. 이 과정을 거쳐 아이의 도덕성은 한층 성장하게 되는 거고요. 지금까지는 그저 '남의 물건을 그냥 가져가는 것은 나쁜 일이다'라고 어른들에게 들어왔기 때문에 그런가 보다 했던 일들에 대해 '정말 그렇구나.' 하고 스스로 깨달아가는 과정이기 때문입니다.

이처럼 아이의 마음과 정신은 큰 변화를 겪고 있는데, 부모가 옛날과 똑같은 어린애 취급을 하면 당연히 반발심이 생기게 됩니다. 그리고 그 반발심은 '알았어, 잔소리 좀 그만해! 그냥 좀 내버려둬!' 하는 식의 불만으로 표현됩니다. 이런 내부 성장과 외부 반응의 격차를 우리는 보통 '부모에게 반발하는 시기' 즉 '반항기'라고 부릅니다.

우리가 반항이라고 부르는 행동은 부모가 하는 말이나 사회의 규칙에 대해 하나하나 '왜? 어째서?'라는 토를 달고 생각하면서 '스스로 생각하고, 스스로 이해하고, 스스로 행동하는 인간'인 자립한 인간이 되는 과정에서 나타나는 것입니다. 그러므로 반항기는 아이의 '정신적 자립'에 꼭 필요한 시기입니다. 이런 아이들의 심리를 이해하면 아이가 반항심을 보여도 부모는 여유를 가지고 그것을 받아들일 수 있을 것입니다.

아이 자신도 당황스러운 '사춘기 갈등'

사춘기의 특징 중 하나로 반항과 함께 '사춘기 갈등'이라는 것이 있습니다.

사춘기를 맞이한 아이들의 몸과 마음은 급속도로 자랍니다. 하지만 이런 변화는 아이들을 당황스럽게 만들지요. 여자아이를 예로 들어볼까요? 여자아이들은 초경이 시작되고 가슴이 커지면서 좋든 싫든 자기가 여자라는 사실을 명확하게 느끼게 됩니다. 여기에 만족하면 별문제가 없겠지만, 아무 거리낌 없이 이런 변화를 받아들이는 게 쉬운 일은 아닙니다. 자기가 어른도, 아이도 아닌 듯한 어정쩡한 기분 때문에 불안을 느낄 수도 있는 거지요. 게다가 갑자기 남자아이들을 의식하는 자기 자신을 어떻게 설명해야 좋을지도 난감해합니다. '다 그런 거야.' '이런 변화는 정말 좋은데!'라는 마음이 들면 좋으련만, 부끄럽고 뭐가 뭔지 모를 묘한 기분에 사로잡힐 때가 많습니다. 본인의 변화를 어떻게 받아들이면 좋을지 몰라 답답하고 당황스러운 거지요. 이런 기분이 짜증과 불만으로 나타나는데, 이런 현상을 사춘기 갈등이라고 합니다.

사춘기에 대한 명확한 정의는 내리기 어렵겠지만, 신체적 변화(성적인 성숙)가 시작되었다면 막 사춘기에 접어든 것으로 볼 수 있습니다. 보통 중학교 입학을 전후로 해서 본격적인 사춘기가 시작됩니다. 그러면 부모에게 화가 나고 스스로 감정을 주체하지 못해 답답하며 짜증나는 상태가 되지요. 이런 감정의 폭풍기가 지나고 조금 안정이 되면 '사춘기를 벗어났다'고 표현합니다. 그 시기는 아이마다 달라서 어떤 아이는 열다섯 살, 또 어떤 아이는 열여덟 살이 되기도 합니다. 사춘기를 겪는 시기도, 양상도 아이마다 편차가 큰 것이지요.

반항을 해서 부모의 속을 뒤집어놓는 반면 부모에게 의지하려는 마음도 큰 시기라, 본인 기분이 내킬 때는 종종 응석을 부리기도 합니다. "친구들 만나기로 했는데 용돈 좀 줘"라고 할 때가 있는가 하면 "저리 가, 엄마 진짜 짜증나!"라고 면박을 줄 때도 있습니다. 하지만 정작 본인은 반항과 의지가 혼재한다는 사실을 객관적으로 인식할 만큼 마음의 여유가 없지요.

우리 집에서도 비슷한 일이 있었습니다. "아빠 같은 구닥다리가 뭘 안다고 그래?"라는 말에 "너, 지금 아빠한테 그게 무슨 말버릇이야!" 하고 버럭 화를 낸 적이 있습니다. 하지만 나중에 생각하니 '이제 다 컸구나.' 싶더군요.

이 시기의 부모와 자식은 너나 할 것 없이 갈등을 겪습니다. 부모도 자식 눈치만 보지 말고, 화가 날 때는 화내고 싸워도 괜찮습니다. 다만 '드디어 부모에게 반항하는 시기가 되었구나'라는 사실을 인정하고 자식과 거리를 조금 두는 것이 필요합니다. 그리고 아이에게 '스스로 결정하되 그 책임 또한 스스로 져야 한다'는 사실을 충분히 인지시켜야 합니다. 아이 행동에 변화가 생긴 것처럼 부모도 태도를 바꾸는 것입니다.

반항과 자립의 상관관계

아이의 성향에 따라서는 반항기를 겪지 않고 자립하는 아이도 있습니다. 이 아이들의 경우, 겉보기에는 반항하지 않는 '착한 아이'지만 실은 부모가 아이의 자립을 방해하고 있기 때문에 정신적으로 자립하지 못하는 경우도 적지 않습니다.

특수목적 중학교 또는 특수목적 고등학교 입학을 목표로 공부하는 아이를 위해 부모가 학원을 결정하는 것은 물론, 공부 스케줄까지 관리하면서 자녀의 일거수일투족에 신경을 곤두세우는 경우가 있습니다. 본인에게 맡겨도 될 일까지 일일이 간섭하고 관리하는 부모가 최근 들어 급증하고 있는 것이지요. 자녀가 시험공부 중이면 부모의 모든 스케줄도 그에 따라 움직입니다. 부탁하지 않아도 야식을 챙기는 것은 기본입니다.

아이 입장에서도 부모가 미리 알고 모든 걸 챙겨주니 몸도 마음도 편합니다. 딴짓한다고 야단을 맞으면 '또 시작이다…….' 하고 속으로 생각이야 하겠지만, 그러려니 하고 넘어갑니다. 어쨌든 엄마가 챙겨주는 덕분에 학업 성적은 늘 상위권을 유지하니까요.

이런 부모는 아이가 중학생, 고등학생이 되고 사춘기에 접어들어도 같은 생각과 자세로 아이를 돌보고 관리합니다. 아이도 부모가 하라는 대로 하기만 하면 별문제 없이 생활할 수 있고 편하니까 크게 불만을 품지 않습니다.

앞서 말했듯이 사춘기 아이들에게는 반항하고 싶은 마음과 의지하고 싶은 마음이 공존합니다. 아이를 떼어놓고 싶지 않은 부모는 아이의 '의지하고 싶은 마음'을 효과적으로 이용하고 있는 것입니다. '나한테 의지하렴, 그럼 실패하는 일도 없을 거야.' 하고 속삭이는 것이지요.

하지만 이런 식으로 자란 아이는 부모의 손바닥 위에서 벗어나지 못하는 인생을 살게 됩니다. 자립과는 거리가 먼 인생을 살게 되는 거지요.

부모 손바닥 위 인생, 그 아이의 미래는?

그런 경우, 아이가 나쁜 인간으로 자랄 확률은 적을지 몰라도 자립심 없고 소심한 사람으로 자라기 쉽습니다. 그런 사람은 고민하고 갈등하면서 문제를 풀어나간 경험이 없기 때문에 주변에서 벌어지는 작은 일에도 신경을 곤두세우게 됩니다. 또한 스스로 결정하고 행동하는 데 두려움도 느끼고는 하지요.

지구 환경 문제에서 인간관계까지, 세상에는 크고 작은 문제들이 산재해 있습니다. 그런데 자립심이 없는 사람은 이런 문제들에 직면했을 때 '누군가가 해결해주겠지'라는 안이한 자세로 손 놓고 가만있게 됩니다. 진정으로 자립한 사람이라면 '상황이 이러이러하니까 이러이러한 해결 방법이 있을 수도 있겠다'는 식의 적극적인 사고와 행동을 보일 것입니다. 하지만 부모의 과잉 간섭과 보호 아래서 자란 사람에게는 그런 사고력과 행동력을 좀처럼 기대하기 어렵습니다.

개중에는 정신적 자립과 사춘기 갈등 등의 경험이 없는 탓에 문제를 해결했을 때 느낄 수 있는 자신감과 보람도 알지 못하는 아이도 있습니다. 그런 이유로 스스로를 가치 없는 인간으로 단정지은 채 인간관계에 문제를 겪는 아이들도 있습니다. 사회적 문제로 대두되고 있는 '은둔형 외톨이' 중에도 이런 경우가 적지 않습니다. 관계 맺는 것에 대한 어려움과 두려움을 해결하지 못한 채 혼자만의 세계로 들어가버렸기 때문에 도움을 주는 것도, 받는 것도 어려운 상황이 된 것이지요. 진정으로 아이를 위한다면, 아이를 보살피고 관리한다는 명목 아래 부모를 향한 아이의 의존심을 이용하여 아이의 자립을 방해해서는 안 될 것입니다.

그동안 과잉보호했다면?

간단합니다. 아이가 뛰어야 하는 운동장에 미리 레일을 까는 것을 그만두면 됩니다.

"의논 상대는 얼마든지 되어줄 수 있지만 결정은 언제나 네 스스로 하는 거야." 하고 아이가 판단할 수 있는 여지를 늘려가는 것입니다. 아이가 못 미덥고 불안해서 나서고 싶더라도 참아야 합니다. 실패해도 그것이 곧 아이의 성공을 위한 밑거름이라고 마음 편하게 생각하십시오. '잘해내겠지.' 하고 아이를 믿어주는 것이 중요합니다.

자립의 세 가지 조건

자립에는 정신적 자립과 생활적 자립, 경제적 자립이 있습니다. 그중에서 가장 기본이 되는 것은 역시 정신적 자립입니다. 지금처럼 다양한 가치관이 공존하고 많은 양의 정보가 쏟아지는 시대일수록 무엇이 옳고 무엇이 중요한지 스스로 결정할 수 있는 정신적 자립은 무엇보다 중요하니까요.

예를 들어 '성차별' 문제가 있습니다. 물론 이 문제에 대한 답이 정해져 있는 것은 아닙니다. 하지만 사회 구성원으로서 이에 대해 어떤 의견을 가지고 있으며 왜 그렇게 생각하는지 정도는 설명할 수 있어야 합니다. 그럴 때 비로소 자립한 인간이 되는 것입니다.

◉ 자립의 조건

생활적 자립 : 공부, 정리 정돈 등의 자기 일을 스스로 하는 것

가족과 주변 사람들을 도와주는 행동 등을 통해 초등학교 6학년이 되기 전에 어느 정도는 익혀두는 것이 좋습니다. 생활적 자립은 훗날 성인이 되어 서로 협력하는 부부 관계를 만들어가는 데에도 반드시 필요한 항목입니다.

정신적 자립 : 자기 일은 스스로 생각하고 결정하며 행동하는 것

'힘 있는 자의 말은 거역하지 않는다'는 수동적인 자세는 아직 정신적으로 자립하지 못했다는 증거가 됩니다. 정신적 자립은 사춘기 시절에 갖는 '내 할 일은 내가 알아서 결정하고 행동한다'는 의지가 기본 바탕이 되어야 가능하다는 것을 잊지 말아야 합니다.

경제적 자립 : 자기 능력으로 생활할 수 있는 경제력을 갖는 것

부모에게 아이를 부양할 경제력이 있어도, 그 아이가 20대가 되면 스스로 경제활동을 해야 한다고 부모가 선언하는 것이 중요합니다. 어릴 적부터 용돈 기입장 쓰는 훈련을 하면 경제적 자립심을 키우는 데 도움이 될 것입니다.

자기주장이 강하면 사회생활이 어렵다?

우리 사회에서는 아직도 윗사람이 뭔가 말할 때 그대로 따라 주는 것이 미덕이고, 토를 달거나 자기주장을 내세우면 건방지다는 인식이 강합니다. 하지만 긴 안목으로 보면 자기 의견을 분명히 말하는 사람이 일도 잘하고 뒤끝도 없습니다.

사실 우리 사회는 아직도 집단주의가 만연해서 다수의 의견에 따라야 한다는 분위기가 지배적입니다. 하지만 그 다수가 틀리면 정말 큰일이 날 수도 있습니다. 그렇기 때문에 이 사회를 위해서라도 자신의 소신을 강하게 밀고나가는 사람은 꼭 필요합니다. 무조건 내 주장만 하는 것이 아니라 분위기와 상황을 보고 냉철하게 판단할 수 있는 자립한 인간으로 아이를 키우는 것이 중요합니다.

⊙ 아이의 자립을 위해 부모가 할 일

자기 일은 자기가 알아서 결정할 수 있게 도와줄 것

앞서 말했듯이 자립 중에서 가장 중요한 것이 정신적 자립입니다. 아이의 성장에 발맞추어 '자기 일은 자기가 결정하고 행동할 수 있도록' 부모가 분위기를 조성해주어야 합니다. 다른 사람을 이해시키고 설득하기 위해 열심히 생각하다보면 사고하는 힘도 성장합니다.

성실하고 부지런한 사람으로 키울 것

성실과 근면, 부지런함은 자립심 축적을 위한 중요한 밑거름입니다. 아이를 위해 먼저 모범을 보이세요. 아이를 키우는 일이든, 집안일이든, 계획을 세우는 일이든, 무엇을 하든지 성심성의껏 하면 아이가 보고 배울 것입니다. 부모의 불성실도 배울 수 있다는 것을 명심하세요.

집안일을 시킬 것

아이의 자립을 위해 심부름을 비롯한 집안일도 적극적으로 시키는 것이 좋습니다. 청소와 요리는 생활 자립, 심부름을 한 뒤 용돈을 받거나 하는 것은 경제적 자립으로 이어집니다. 슈퍼에서 물건을 사오거나 친척에게 선물을 보내는 일, 가족 여행을 갈 때 버스표나 기차표를 사게 하는 일 등은 아이의 자립을 돕는 예행연습이라고도 할 수 있습니다.

가능하다면 해외여행을 해볼 것

사춘기는 아이가 앞으로 어떤 일을 하게 될지 아직 구체적인 이미지가 떠오르지 않는 시기입니다. 하지만 다른 나라를 여행하다 보면 본인이 얼마나 작은 세상 속에서 살았는지, 세상을 얼마나 모르고 살았는지 자각하게 되고 본인의 미래에 대해서도 생각하게 될 것입니다. 그러므로 가능하다면 중학생이 된 자녀와 다른 나라에 여행 가보길 권합니다.

아이의 자립을 위해서라면 이것만은!

앞에서 정리한 것처럼, 자기 일은 자기가 결정할 수 있는 분위기를 만들어주는 것과 집안일을 돕게 하는 것이 가장 중요합니다. 집안일을 돕고 심부름을 하는 행위는 사회에 나가기 위한 예행연습인 것과 동시와 자립에 필요한 성실함과 근면함을 키워주는 양분이기도 합니다.

아이가 중고생이 되면 밖에서 활동하는 시간도 많아지고 학원 다니기도 바빠서 어떻게 집안일을 돕게 하면 좋을지 고민이 될 텐데요. 예를 들어 '주말에는 가족이 모두 함께 집 청소를 한다'거나 '토요일은 아빠와 함께 식사 준비를 한다'와 같은 규칙을 정해놓고 의식적으로 온 가족이 함께 가사를 분담해보는 것도 나쁘지 않을 것입니다.

뒤처지지 않으면서도 자립하는 아이로 키우는 법

소득 간, 계층 간 격차가 벌어지면서 특히 젊은 층이 점점 살기 어려운 사회가 된 데는 부모의 교육 방법이 아니라 '아무리 노력해도 나아지지 않는 사회구조'에 문제가 있다고 생각합니다.

현실이 이렇게 어려우니 우리 아이가 사회에서 인정받지 못하고 패배한 어른이 되지 않을 수 있게 어떻게든 해주고 싶은 게 부모 마음입니다. 그러려면 아이가 스스로를 신뢰할 수 있는 어른으로 자라야 합니다. 놀기, 취미 활동하기, 집안일 돕기, 공부하기, 동아리 활동하기 등 뭐든지 좋습니다. 다양한 일에 도전해보면서 '내가 해냈어!' 하는 성취감과 '나는 할 수 있어!' '노력하면 뭐든지 할 수 있어!' 하는 자신감, 그리고 '나는 참 괜찮은 사람이야!' 하는 자기만족과 신뢰 같은 긍정적인 감정을 가질 수 있게 해야 합니다. 현대를 살아가는 우리 아이들에게 이런 감정은 무엇보다 중요합니다.

특히 사춘기가 되면 "네가 어떤 동아리 활동을 할 건지, 어느 고등학교를 갈 건지, 대학에 갈 건지 말 건지, 모든 것을 스스로 생각하고 결정하렴. 엄마 아빠는 항상 뒤에서 너를 응원하고 있을 거야. 만약 네가 무모한 행동을 하려고 하면 잡아주고 이끌어주긴 하겠지만 말이야"라고 아이에게 선언하는 편이 좋습니다. 실제로 아이가 스스로 생각하고 도전할 수 있게 되면 '나는 할 수 있다!'는 자신감과 에너지가 생기거든요.

부모가 앞서서 판을 벌이고 하나부터 열까지 이끌어주면, 아이가 원하는 바를 이룰 수는 있을지 몰라도 본인 스스로 해냈다는 성취감을 맛보기는 어렵습니다.

학업과 취업에 뜻이 없는 청년들의 문제나 은둔형 외톨이 문제도 자기 자신에 대한 신뢰감과 자신감 결여에서 온다고 생각합니다. 이런 문제의 뿌리는 사회가 청년층에게 많은 것을 강요하고 엄격하게 평가하는 데 있을지도 모르겠습니다.

'아이 스스로 결정하고 도전할 수 있는 분위기를 조성한다. 부모는 아이 뒤에서 혹은 옆에서 열심히 응원하는 것으로 충분하다'라는 자녀교육의 기본을 잊지 마시기 바랍니다.

우리 아이들이 지금과 같은 양극화 사회에서 훌륭한 사회인으로 살아남을 수 있게 자녀교육에 매진하는 것은 무척이나 중요합니다. 하지만 그와 동시에 이 시대의 어른으로서 청년층의 고용 문제 등 현실적인 사회문제를 극복하기 위한 방안을 함께 고민하고 찾아가는 자세 또한 중요합니다. 사회를 발전시키는 주체가 되는 것도 어른인 우리 부모들의 의무니까요.

시오미 토시유키 교육학적인 관점에서 바라본 반항기를 설명해준 시오미 토시유키 선생님은 세 자녀의 아빠이자 일본 시라우메학원대학교의 학장입니다. 1947년에 태어났으며 도쿄대학교 교육학부를 졸업하고 같은 학교 대학원에서 박사과정을 수료하였습니다. 도쿄대학교 교육학부 부속중등교육학교 교장을 역임하였으며, 도쿄대학교 명예교수이기도 한 선생님은 일본 교육학계의 최고 권위자로 손꼽히고 있습니다.

사춘기 아이를 다루는
절대 법칙

스가와라 마스미

부모도 함께 겪는 제2의 탄생

저는 "만약 자녀분들의 반항기가 시작되었다면 잔칫상부터 차리셔야겠어요"라는 말을 자주 합니다. 반항기가 왔다는 것은 아주 자연스럽게 잘 성장했다는 증거이자, 한 단계 성숙했다는 상징이기도 합니다. 심리학에서는 반항기를 자기주장기라고 표현하는데, 이 시기는 쉽게 말해 자연 현상에 가까운 것입니다.

사람은 '자고 일어났더니 어른이 되어 있더라'가 아니라 조금씩 성장하면서 서서히 바뀌어가는 존재입니다. 어떤 새로운 상태가 되고, 어느 정도 그 상태에 익숙해지려면 누구에게나 적응 기간이 필요하지요. 운전과 마찬가지로 처음에는 정신이 하나도 없지만 여기 부딪히고 저기 깨지면서 새로운 상황에 본인이 먼저 적응해야 합니다. 부모는 아이가 새로운 발달 단계를 밟을 수 있도록 항상 최적의 환경을 만들어주면 됩니다. 뒤집기도 못하는 갓난아기가 혼자 뒤집을 수 있도록 도와주고, 뒤집기를 마음대로 할 수 있게 되면 이번에는 이불에서 혼자 기어 나와도 안전하게 놀 수 있는 환경을 만들어주는 것이지요. 부모도 아이가 마음대로 뒤집을 수 있는 상태에 익숙해져야 하는 것입니다. 부모와 자식은 이런 과정을 되풀이해가며 서로가 알게 모르게 적응해나갑니다.

이런 아이의 변화가 매우 극단적으로 나타나 부모와 자식 사이에 충돌이 생기고, 부모의 생각과 아이의 생각이 맞지 않아 갈등을 빚는 시기를 보통 '반항기'라고 부릅니다. '반항'이라는 단어 속에는 '부모가 조종하기 힘든' '부모의 말에 따르지 않는' 등의 의미가 함축되어 있다고 볼 수 있습니다.

여자아이에게는 초등학교 4~5학년부터, 남자아이에게는 중학교 1학년 무렵부터 초경, 변성기, 몽정 등의 2차 성징이 나타나기 시작합니다. 심리학에서는 이 시기를 '제2의 탄생'이라고 부릅니다. 새로 태어났다고 할 정도로 아이의 몸과 마음이 폭발적으로 성장하면서 드라마틱한 변화를 보이기 때문입니다. 이런 제2의 탄생과 함께 사춘기도 시작됩니다. 신체의 성장과 함께 사고나 의식, 감정과 같은 심리적 기능도 점차 성숙해지고 업그레이드 되어가는 것이죠.

신체의 발달과 함께 성숙해지는 '자아의식' 중에서도 가장 도드라지게 나타나는 것은 '스스로 결정하고자 하는 의지'입니다. 스스로 판단하고 결정하고자 하는 욕구가 그만큼 강해지는 거지요. 이런 의지가 긍정적인 방향으로 흐르면 좋겠지만, 혹시 잘못된 길로 향한다면 부모가 '이건 아닌 것 같다'고 브레이크를 걸어주어야만 합니다. 물론 아이는 여전히 자기가 결정한 대로 밀고 나가고 싶어 하겠지요. 여기서 부모와 아이 사이에 갈등이 생기는 것입니다.

제1 자기주장기는 만1세에서 2세 무렵에 나타나는데, 그야말로 놀라울 만큼의 발달을 보이며 '나'라는 개념이 머릿속에 확실히 자리 잡게 됩니다. 내가 갖고 싶은 것, 내가 하고 싶은 것에 대한 집착이 아주 강한 시기지요. 그런데 이 시기에는 본능적인 자기주장만 있을 뿐입니다. 그래서 큰 문제로까지 번지는 일은 없는 것이지요.

사춘기에 접어든 제2 자기주장기에는 자기 결정이라는 과제가 따라옵니다. 또한 제1 자기주장기와는 달리 책임이라는 문제도 짚고 넘어가야만 하는데, 이 시기 아이들은 결정은 할 수 있지만 아직 자기 스스로 책임지고 해결할 수 없는 문제들이 많습니다. 여기서 오는 차이가 너무 크기 때문에 보호자인 부모는 골치가 아픈 것이지요.

제2 자기주장기에서 결정과 관련한 문제의 핵심은 자기 결정의 폭이 너무 크다는 것입니다. 예를 들어 부모는 '목욕을 하고 안 하고' 정도의 문제에 대해서는 얼마든지 책임을 물을 수 있다고 생각하며 대수롭지 않게 말합니다. 하지만 '목욕해'라는 말에 과민 반응을 일으키는 아이들이 있습니다. 반항기 아이들을 다루기 어려운 이유가 바로 이런 부분 때문입니다. 목욕하라는 말이 왜 기분 나쁘냐고 물으면 명령받는 것 같아서 싫다고 합니다. 그전에도 부모는 아이에게 때맞춰 '씻어라.' '밥 먹어라.' '공부해라.' 등의 똑같은 말을 해왔는데 말입니다. 늘 하던 말을 그냥 한 것뿐인데 아이는 자기가 할 일은 자기가 결정하고 싶은 마음 때문에 부모에게 반격을 가합니다.

사춘기가 시작된 아이를 바라보는 부모는 일일이 책임을 추궁하고 싶은 마음을 억누르며 애태울 때가 많습니다. 다시 말씀드리지만, 아이의 성장은 어느 날 갑자기 완성된 형태로 나타나는 것이 아닙니다. 아이들은 사고방식이 먼저 바뀌고 뒤이은 노력에 따라 그에 맞는 태도와 행동이 나타난다는 사실을 명심하고 지켜봐주세요.

반항만 곤란한 게 아니다

사춘기 자녀의 문제가 '반항'이라는 단어로 상징되는 것만은 아닙니다. 반항은 사춘기 아이들이 보이는 하나의 현상에 지나지 않을 정도로 더 복잡한 문제들이 기다리고 있습니다.

'반항'의 사전적 의미를 풀어보면 '외부의 요청을 따르지 않는다' 또는 '다른 사람의 의견에 맞서 대들다'입니다. 그런데 사춘기 시기에는 자기주장을 열심히 하며 반항하면서도 정작 '자기'가 누구인지조차 잘 모르는 경우가 많습니다. 흔히 말하는 정체성이라는 것이 아직 정립되지 않아서 갈팡질팡하는 것이지요.

이 시기 아이들을 대하기 어려운 이유 중 가장 큰 것 또한 아이들 스스로가 누구인지 모른다는 것입니다. 본인 스스로도 왜 이런 다양한 감정의 소용돌이에 휩싸이는지 알지 못합니다. 화가 났다가도 금방 풀리고, 재미있게 놀다가도 갑자기 뾰로통해집니다. 희로애락의 감정이 수시로 변하는 거지요. 그러니 이런 아이를 대하는 부모로서는 난감할 뿐입니다.

이런 와중에 다행스러운 것이 하나 있다면 아이들 스스로가 매우 불안정한 상태라는 인식은 갖고 있다는 것입니다. 그 불안정한 요인 가운데 하나로 신체의 급격한 성장을 꼽을 수 있습니다. 사춘기는 태아기, 유아기 다음으로 큰 신체적 변화를 겪는 시기입니다. 당연히 사물과 현상을 보는 방식이나 견해도 자주 바뀝니다. 어른들은 손을 뻗으면 자기 손이 어디쯤 닿을지 알고 있습니다. 뇌가 알아서 자동적으로 계산하기 때문이지요. 반면 아이들은 몸이 더 성장했기 때문에 그전보다 뛰는 게 훨씬 어려워졌다는 사실을 서서히 깨닫습니다. 김연아나 아사다 마오가 그랬던 것처럼요. 아이들이 성장을 하면 할수록 신체와 뇌는 함께 바빠지면서 적응해나갑니다.

아이 자신이 가장 힘들다

급격한 신체 변화와 더불어 성적으로도 성숙해집니다. 이 시기는 인생에서 가장 급격한 성적 변화가 나타나는 시기입니다. 남자아이는 남자답게, 여자아이는 여자답게 바뀝니다. 아이들이 적응해나가야 할 부분이지요. 이 시기는 아이들에게 남녀가 확연히 구분 지어지는 시기이자 이성에 대한 관심도 커지고 성이라는 것에 눈을 뜨게 되는 시기입니다.

사고력 또한 급격히 발달해 사물과 현상을 객관적으로 볼 수 있게 될 뿐만 아니라 추상적인 분석도 가능해집니다. 또한 과거를 돌아보고 미래를 그리는 일도 가능해집니다. 어릴 적에 흔히 했던 '재미있으면 그만'이라는 단순한 생각은 사라지고 전혀 다른 사람이 되는 것입니다. 이런 급격한 변화에 가장 당황스러워하는 사람은 다름 아닌 아이 본인이고요.

우리 집 아이도 불과 얼마 전 중학교 1학년 때까지는 아무 생각 없이 하루하루 즐겁게 보내면 그만이라는 마음으로 살았던 것 같습니다. 그랬던 아이가 중학교 3학년이 된 지금은 그야말로 사춘기의 절정을 맛보고 있습니다. 투명한 알 속에서 몸을 둥글게 말고 있는 형상이랄까요?

'대체 내가 누구인지도 모르겠고……. 마냥 이렇게 몸을 말고 있는 게 편하네. 다시 되돌아가고 싶은 마음도 있고 앞으로 나아가고 싶은 마음도 있고……. 내가 정상적으로 성장하고 있는지 아닌지도 잘 모르겠고……. 주변 사람들은 다들 왜 이렇게 이상해 보이지? 혹시 내가 이상한 걸까? 혹시 내가 다른 사람들보다 뒤처지는 걸까?' 이렇듯 일맥상통하는 거 뭐 하나 없이 이 생각 저 생각이 오락가락하는 게 이 시기의 특징입니다.

몸부림치는 아이들

이 시기의 여자아이들은 남자아이들보다 더 빨리 성숙합니다. 따라서 같은 학년이라도 여자아이들은 완연한 여성으로서의 모습을 갖추고 있으며 개중에는 생식 활동이 가능할 정도로 성숙한 아이들도 있습니다. 남자아이 중에도 초등학교 5, 6학년 때 훌쩍 큰 아이들은 신체적으로 벌써 이성과 성관계를 맺을 수 있는 단계에 와 있기도 합니다. 반면 이런 신체적 변화가 더딘 아이들도 있습니다.

이처럼 다양한 성장 단계에 있는 아이들이 같은 학교에 다니고 있으니 자연스럽게 친구들과 자기를 비교하게 되겠지요. 이것을 '사회적 비교'라고 합니다. 우리 사회에는 또래 친구들과 비슷해야 한다는 무언의 압력이 가득 차 있기 때문에 친구들과 다르면 그것만으로도 큰 고민거리가 됩니다.

아이들은 이렇게 어느 것 하나 쉽지 않은 시간을 보내고 있습니다. 그러면서도 폭풍 같은 에너지를 발산하며 다방면에 걸쳐 어른이 되기 위해 몸부림치고 있는 겁니다.

아이들은 또래 집단을 중요시하고 거기에 끼기 위해서 안간힘을 쓰지만 각자의 성장 속도가 다를 뿐만 아니라 자아의식도 성숙되지 않아 관계를 맺는 것에 어려움을 겪습니다. 저마다 발달 시기가 다르니 똑같아질 수 없다는 사실을 모른 채 같아지기 위해 애를 쓰고, 그러면서 힘들어하지요. 예민한 아이들은 자기가 정상인지 정상이 아닌지에 대해서 고민하기도 하고, 그런 모습 때문에 다른 아이들에게 따돌림을 당하기도 합니다.

이렇게 하루하루 질풍노도의 시간을 보내는 아이들 한 사람 한 사람의 정신세계는 거친 폭풍우 속에서 헤매는 것과 같다고 보면 딱 맞겠습니다.

사춘기 아이를 다루는 절대 법칙

부모들은 이렇게 힘든 시기를 겪는 아이들을 어떻게 다루어야 할까요? 저는 이런 질문을 받으면 부모는 사춘기가 아니니 아이들에게 휘둘리지 말고 의연하게 감싸주어야 한다고 말합니다. 이것은 절대 법칙입니다. 이에 더해 아이의 성장에 따른 관계 구축도 중요합니다. 부모에게 어린애 취급을 받고 무시당하면 아이는 당연히 반발하게 되어 있습니다. 아이가 '버전 업' 되었으니 도를 지나치지 않는 범위 내에서 부모의 버전도 올라가야 합니다. 아이가 평온해 보일 때는 상대의 버전에 맞추어 어엿한 성인 대 성인으로서의 관계를 맺는 것도 중요합니다. 어른으로 대접해주고 가끔은 의지도 하는 것이지요. 아직 어린애처럼 천진난만해 보여도 가끔 어른스러운 행동을 해서 대견하고 기특하게 느껴질 때가 있습니다. 그럴 때는 아낌없이 응원하고 칭찬해주도록 합시다. "이야, 네 의견 정말 훌륭한걸!" "그럼 이건 네가 좀 해줄래?" 하는 식으로 말입니다.

생활 전반의 감독은 필수

그렇다면 일상생활에서 부모는 구체적으로 어떻게 해야 할까요? 기본적으로 가져야 할 자세는 '관심을 가지고 아이를 지켜보는 것'입니다. 눈과 마음을 한시도 떼어서는 안 됩니다.

이런 자세를 기본으로 아이의 생활 전반을 '감독'하는 겁니다. 어디서 누구와 무엇을 하는지 일일이 간섭하라는 말이 아니라, 내 아이가 어떤 생활을 하고 있는지 대략적인 정보는 파악하고 있어야 한다는 말입니다.

만약 아이가 SOS 신호를 보내면 진지하고 적극적으로 대응하는 자세가 중요합니다. 어떤 문제로 고민하고 있을 때, 기가 죽어 있을 때 등 아이의 모습이 어쩐지 이상하다고 느껴질 때가 있지 않나요? 친구와 싸웠거나 선후배 간에 문제가 생겼거나 선생님한테 꾸중을 들었거나, 아니면 공부에 흥미를 잃었거나 진로 문제로 고민할 때도 있을 겁니다. 그럴 때 아이가 원한다면 함께 있어주어야 합니다. 지나치지 않은 범위 내에서 응석을 받아주거나 열심히 이야기를 들어주는 것이지요. 아이의 상황에 맞추어 시간을 내주는 등 부모가 노력하는 모습을 보이는 것이 중요합니다.

아이가 중학교에 입학할 무렵부터 아이에게 손이 덜 가기 때문에 다시 일을 시작하는 엄마들도 많습니다. 또 직업을 가지지 않더라도 여러 가지 일로 갑자기 바빠지기도 합니다. 하지만 아무리 바빠도 '오늘 하루 우리 아이가 어떻게 지냈을까?' 하고 마음은 늘 아이를 향해 있어야 합니다. '엄마는 늘 너를 보고 있으니까 무슨 문제가 있으면 언제든지 얘기하렴.' 하는 메시지가 아이에게 전해지는 것이 중요합니다.

생물학적인 변화로 야기되는 문제에 당황하기도 하고 본인도 설명하기 힘든 답답함과 우울함이 갑자기 엄습하는 시기인 만큼 전반적인 상황에 대한 이해가 반드시 필요합니다. 어젯밤에는 기분이 무척 좋았던 아이가 아침에 일어나서는 짜증을 부린다거나, 반대로 밤에 퉁퉁 부어있던 아이가 아침에는 언제 그랬냐는 듯이 기분이 좋아 보이는 경우가 있습니다. 이렇듯 큰 이유를 동반하지 않는 변화에 대해서는 '하루가 다르게 몸이 달라지니까 기분도 왔다 갔다 하는구나.' 하는 마음으로 너그럽게 이해해줘야 합니다. 그래야 아이의 마음도 편해집니다.

'위험 행동'에는 이렇게 대처해야

사춘기가 되면 아이들이 지금까지 하지 않았던 위험한 행동, 즉 어른의 눈으로 보면 '이건 좀 아니지!' 하는 행동을 해서 부모를 난감하게 만들 때가 종종 있습니다. 학교 규칙 위반은 물론 때로는 법률을 어기는 등, 위험을 자초하는 일에 손을 대는 것이지요. 이것을 전문용어로 '위험 행동(risk behavior)'이라고 합니다. 아이가 위험한 방향으로 가는 조짐이 보이면 부모는 각오를 단단히 한 뒤 필사적으로 막아야 합니다. 때로는 어떤 조건을 제시하거나 교섭을 벌여 아이를 제지할 수도 있어야 합니다. 물론 그런 일이 없길 바라야겠지만, 사춘기에 접어들면 예기치 못한 일이 벌어질 수도 있으므로 각오는 필요합니다. 결과도 장담할 수 없습니다. 하지만 그런 일들이 아이에게는 어른이 되는 수업료이고 좋은 경험이 될 수도 있습니다. 부모는 혹시 그런 일이 벌어진다고 해도 '애가 이상해졌다'고 단정하기보다 '사춘기 아이들은 늘 시한폭탄을 안고 사는 존재니까'라고 여기며 그 상황에 어떻게 대처해야 할지 부부가 함께 머리를 맞대고 고민해야 합니다.

저는 아이의 위험 행동 앞에 선 부모라면 물러설 수 없는 의견을 피력할 필요도 있다고 생각합니다. "그런 일을 벌여도 정말 괜찮니? 걸리면 전학뿐만 아니면 퇴학까지도 각오해야 해." 또는 "엄마 생각에 그 옷은 학교에 입고 가기엔 너무 화려한 거 같은데." 하는 식으로 말입니다. 하지만 결국 최종 결정은 아이 본인이 하는 것입니다. 부모의 묵인 아래 이루어지는 어느 정도의 위험 행동은 어쩔 수 없습니다. 차라리 어느 정도 선에서 용납할 것인지 학교와 상의를 해서 기준선을 만들어놓는 것이 현명할 수도 있습니다.

우리 집에서도 고등학교 3학년인 장남과 남편 사이에서 종종 이런 실랑이가 벌어집니다. 열여덟 살이 되자마자 밤 12시가 넘어서 집에 들어오는 일이 잦아진 아이와 그게 못마땅한 남편이 아슬아슬한 선까지 기 싸움을 벌이는 거지요.

험한 사태로 번지지 않게 하기 위해서는 부모와 자식이 서로 대화를 통해 규칙을 정해놓는 것도 좋습니다. 규칙은 아이의 능력과 자질, 사회에서 통용되는 상식에 맞추어 정합니다. 예를 들어 본인의 용돈으로 가능한 일인지 아닌지 등을 따지는 겁니다. 또 하나 중요한 것은 안전입니다. 특히 섬세한 여자아이들의 경우에는 더 조심해야 합니다. 절대 용납할 수 없는 우리 집의 규칙과 문화에 대해서 확실하게 못 박아두고 책임과 안전에 대한 중요성을 알려주어야 합니다.

이렇게 정한 규칙이 잘 지켜질 수 있게 부모가 분위기를 조성하는 것도 중요합니다. 가령 여자 친구가 있는 아들을 집에 혼자 두고 부모 둘 다 출장을 가는 일 등은 가급적 삼가는 것이 좋겠지요. 부모가 책임을 질 수 없는 일에 대해서는 더더욱 신경을 써야 합니다. 해결하고 회복할 수 있는 수준의 일탈은 어느 정도 눈감아줄 수 있지만, 두 번 다시 돌이킬 수 없는 문제로 번질 가능성이 있는 행동은 단호하게 막아야 합니다. 그러기 위해서는 부모가 아이와 무릎을 맞대고 앉아 자주 대화를 나누어야 하고요.

극단적으로 위험한 일이 아니면 규칙은 그리 엄하게 정하지 않아도 괜찮습니다. 어느 정도 부모의 묵인하에 바깥세상에서 자기 하고 싶은 일을 찾는 것은 환영할 일입니다. 그것이 앞으로 장래 직업과 연결될 가능성도 있으니까요.

지나치게 폭력적인 성향은?

사춘기 아이들이 정서적으로 불안정한 경향을 보이는 것은 사실이지만 개중에는 '사춘기 애들이 다 저렇지 뭐.' 하고 그냥 간과해서는 안 되는 경우도 있습니다.

너무 집에만 있으려 한다거나 타인과의 소통에 심각할 정도로 문제가 있어 보일 때, 또는 가정 내에서 폭력을 휘두르는 등 병리적인 문제를 감지했다면 가능한 한 빨리 전문의와 의논해야 합니다. 사춘기가 지나 성인에 가까워지면 더 큰 문제로 확산될 위험 또한 커지기 때문입니다. 사춘기 아이들의 우울증 성비는 대략 남자와 여자가 일대일인데 반해 성인이 되면 여자가 두 배 이상 많아지고 전체 환자 수 또한 늘어난다는 통계가 있습니다.

흔히 이른 청년기인 고등학생 때 보이는 정신분열증 또는 대인기피증 같은 불안 장애와 강박 증세를 사춘기 시절에 보이는 아이들도 있습니다. 이렇게 아이의 행동과 감정 상태가 선을 넘었다고 느껴진다면 지체 없이 관련 기관의 문을 두드려야 합니다. 일시적으로 그런 것이라면 다행이겠지만, 만약 진짜 문제가 있다고 하더라도 조기 발견은 치료에 큰 도움이 되는 걸 잊지 말아야 합니다.

부모도 여유가 필요하다

사춘기 자녀를 둔 부모의 연령대를 한마디로 표현하기는 어렵지만 아이보다 나이를 더 먹은 상태인 것만은 누구에게나 틀림없습니다. 아이의 사춘기와 본인의 갱년기가 겹치거나 혹은 본인의 노부모 간호 때문에 힘에 부치는 경우도 많습니다.

그러므로 부모 자신에 대한 '셀프 케어'도 간과해서는 안 될 문제입니다. 부모의 컨디션은 아이에게 큰 영향을 끼치니까요. 아이가 어렸을 때와는 달리, 부모의 문제가 아이에게까지 노출되면서 상황이 더 복잡하게 전개되기도 합니다. 아이가 부모의 사정을 모르는 바는 아니지만, 힘들다고 있는 그대로 아이에게 쏟아내면 아이가 참지 못하고 더 반발하는 경우도 있습니다.

이런 의미에서 보면 아이의 반항기는 아이나 부모 모두 매우 힘들고 예민한 시기라고 할 수 있습니다. 이런 위기를 극복하려면 유아기 무렵 육아 스트레스를 극복할 때와 마찬가지로 부모 자신이 스스로 마음의 여유를 갖는 수밖에 다른 도리가 없습니다. 피부 관리도 좋고 마사지도 좋고 운동도 좋습니다. 무엇이든지 집중하면서 기분 전환할 수 있는 장치를 찾는 것입니다. 정 마음의 여유가 없다면 전문가와 상의해보는 것도 하나의 방법입니다. 어떤 방법으로든 본인의 컨디션을 본인이 조절하는 것이 중요합니다. 너무 힘들 때는 힘들다고 솔직히 아이에게 털어놓는 편이 오히려 아이 마음을 편하게 해줄 수도 있습니다. 다만 그것이 아이에 대한 질책과 분풀이로 표현되면 아이의 톱니바퀴는 더 어긋날 위험도 있으니 그렇게 되기 전에 상황을 알려주어야 합니다.

"엄마가 이런 일 때문에 요즘 힘들어." 혹은 "엄마 상황이 이래서 저녁 준비하기가 힘든데 좀 도와줄래?"라고 하면서 솔직히 도움을 구하면 아이가 의외로 순순히 응해주는 경우도 많습니다. 사춘기 아이들의 감정과 정서 변화는 신체적 성장과의 격차에서 오는 것이기 때문에 기분이 왔다 갔다 하면서 변덕을 부리기 일쑤입니다. 하지만 아이가 기분이 좋아 보일 때를 포착해서 부모의 상황이 어떻다는 것을 알려주며 "우리 둘 다 요즘 엄청 고생한다. 그치?" 하는 식으로 감정을 공유하는 것은 관계 회복에 도움이 됩니다.

힘들 때는 가사든 일이든 쉬엄쉬엄 하는 유연한 자세가 필요합니다. 아이가 입시를 코앞에 두고 있다면 그것을 최우선으로 하되 나머지 것들은 적당히 여유를 가지고 조정하는 것입니다.

서로 힘든 시기라는 사실에 공감하면서 힘을 합해 이 위기를 극복해가야 합니다. 그러다 보면 전우애 같은 연대감도 싹틉니다. "네가 걱정할 문제 아니니까 너는 공부만 열심히 하면 돼"라는 식으로 아이를 손님 취급하면 오히려 사태가 악화될 위험이 있다는 사실을 잊지 말아야 합니다.

사춘기라는 폭풍우 속에 헤매면서 반항하며 속을 뒤집어놓을 때도 있지만 아이가 부모를 생각하는 마음에는 변함이 없습니

다. 부모가 건강하고 나를 열심히 돌봐주고 있다는 사실에 아이
는 안도합니다. 아이 입장에서 보면 부모가 건강하게 있어주는
것만으로도 자기 걱정거리가 하나는 줄어든 셈이니까요. 부모가
생동감 넘치고 건강하게 살아주는 것이 이 시기의 부모와 자식
관계를 지탱시켜주는 기반이 되는 것만은 분명합니다.

스가와라 마스미 발달심리학적인 관점에서 바라본 반항기에 대해 알려준 스가와라 마스미 선
생님은 열여덟 살과 열다섯 살을 먹은 두 아이의 엄마이자 오차노미즈여자대학교 대학원 교수
입니다. 1958년에 태어났으며 도쿄도립대학교에서 심리학 전공으로 박사과정을 수료했습니다.
전문 분야는 발달심리학이며, 가족 관계를 중심으로 아이의 인격 발달과 정신 질환 등 부적응
행동에 영향을 미치는 환경 요인에 대해 연구하고 있습니다.

'아이 대 어른'에서
'어른 대 어른'으로

아이의 성향에 따라 반항기의 행태도 다양하게 나타납니다. 다른 집은 어떤지, 우리 집 아이가 평범한 건지 아닌지, 이것저것 여간 신경 쓰이는 게 아닙니다. 아이 때문에 힘들어하는 다른 집 부모를 보면 내 상황이 나은 것 같다가도, 내 아이가 반항을 하면 세상이 무너지는 것 같은 마음도 들지요. 우리 아이와 같을 수도 있고 다를 수도 있는 한 아이의 사례가 있습니다. 6년 동안 아들의 반항으로 마음고생을 겪었다는 한 어머니의 이야기를 들어봅시다.

너무나 다른 두 장의 사진

우리 집에는 볼 때마다 너무 이상한 사진이 두 장 있습니다. 둘 다 아들 사진입니다. 하나는 초등학교 졸업식 때 찍은 사진, 또 하나는 중학교 입학식 때 찍은 사진이지요.

초등학교 졸업식 사진 속의 아들은 얼굴에 웃음이 가득합니다. 졸업식 날 입으라고 사준 조끼에 꽃 장식까지 달고 카메라를 보며 활짝 웃고 있습니다. 사진에는 찍히지 않았지만 양손으로 브이를 그리고 있었던 기억이 납니다.

그로부터 2주 후, 한 치수 큰 중학교 교복을 입은 아들은 턱을 내밀고 퉁퉁 부은 표정으로 삐딱하게 서 있습니다. 사진 같은 건 찍고 싶지 않다는 표정으로 '나 좀 그만 내버려둬!' 하는 분위기를 풍기고 있습니다. 카메라를 들고 있는 나에게 적의를 품고 있는 것처럼 무서운 표정입니다.

사실 입학식 날 무슨 안 좋은 일이 있었던 것도 아닙니다. 사진을 찍기 전까지 저는 아들의 표정이 그렇게 달라졌다는 것을 전혀 눈치채지 못했습니다. 초등학교를 졸업하고 중학교에 입학하기까지, 그 2주 동안 도대체 아들에게 무슨 일이 있었는지 알 도리가 없습니다. 어떤 심경의 변화가 있었는지 지금도 모릅니다. 다만 그날이 중학교와 고등학교를 합해 6년간의 갈등을 알리는 서막이었다는 것만은 분명합니다.

이보다 좋을 수 없었던 모자지간

이 아이는 제가 서른 살에 낳은 첫아이입니다. 당시 저는 개인적인 사정이 있어서 아이 낳기를 망설였습니다. 하지만 초음파 검사를 통해 쿵쾅쿵쾅 심장이 뛰는 아이를 보고 이 작은 생명을 어른들의 형편 때문에 죽일 수는 없다고 생각했습니다. 그래서 결국 낳기로 결심했습니다.

임신 초기의 맘고생 때문인지 엄청난 진통 끝에 아들이 무사히 세상에 나오자 말로는 형용하기 힘들 만큼 감격스러웠습니다. 남편과 저는 "아기들 눈은 어쩜 이렇게 예쁠까?" 하면서 온종일 아이 곁을 떠나지 않았습니다.

아들의 표정과 움직임, 옹알이 하나하나가 정말 귀엽고 사랑스러웠습니다. 누워 자는 얼굴을 가만히 보고 있으면 나도 모르게 눈가에 눈물이 맺히곤 했습니다. '우리 아이가 행복하게 살 수만 있다면 나는 뭐든지 할 거야.' 하는 생각도 했습니다. 살면서 처음으로 손에 넣은 보물, 절대 잃고 싶지 않은 보물, 그것이 바로 나의 첫아들이었습니다.

　최고의 사랑이라는 말로도 부족할 만큼 항상 아이를 생각하고 할 수 있는 모두 다 해주며 정성을 다해 보살폈습니다. 다른 아이들도 모두 그렇겠지만 제 아들도 엄마인 저를 잘 따르고 좋아해주었습니다. 남편이 아이를 돌보는 데 적극적이지 않은 게 조금 섭섭할 때도 있었지만, 남편 역시 첫아이라서 그런지 항상 신경 쓰고 챙겨주었습니다. 그러면서 저희 부부는 육아에 대해 자주 이야기를 나누었습니다.

　어린아이에게 세뱃돈을 주는 게 좋을까 나쁠까, 유치원 선생님의 말에 행여나 아이가 상처받지는 않을까, 야구팀에 들어가면 잘 따라갈까 등등……. 지금 생각해보면 함께 이런저런 의논을 했던 그때가 가장 행복했던 시기였던 것 같습니다.

　하지만 이렇게 귀하게 키웠던 이 금쪽같은 아들이 중학교에 들어간 그날부터 집에서 거의 말을 하지 않게 되었습니다.

입을 닫은 아들과 폭발한 남편

그때까지 "누구누구가 이런저런 일을 했어." "정말? 참 대단하네." "나 누구누구 좋아해." "그래서 고백은 했어?" 같은 대화로 화기애애하던 식탁이 침묵의 장으로 바뀌었습니다. 젓가락과 식기가 부딪치는 소리만이 정적을 깰 뿐이었습니다. 더 이상 침묵을 견디지 못한 제가 "어때? 맛있어?"라고 말을 걸어봐도 "응……." 하는 긍정도 부정도 아닌 성의 없는 대답만 돌아올 뿐이었습니다. 대화가 사라진 식탁은 마치 그림자들끼리 둘러앉아 있는 것 같았습니다.

그러던 어느 날, 드디어 남편이 폭발해버렸습니다.

"다 때려치워! 얘기하기 싫으면 하지 마! 그 대신 여긴 너 혼자 사는 집이 아니니까 인사는 제대로 해. 알겠어? 안녕히 다녀오세요, 안녕히 주무세요, 잘 먹겠습니다, 잘 먹었습니다, 다녀오겠습니다, 다녀왔습니다, 이런 건 꼭 하란 말이야! 그리고 이제부터 네 맘대로 살아!"

아들은 아빠의 말을 충실히 잘 지켰습니다. 아빠가 그렇게 하라고 했으니까 대화 따위는 없어도 괜찮다고 생각한 걸까요? 인사를 포함해 필요한 최소한의 말만 하고 다른 말은 거의 하지 않게 되었습니다. 며칠, 몇 주가 아니라 몇 년씩 그런 시간이 계속되었습니다. 제 아들이지만 제가 생각해도 보통 고집이 아닌 것 같습니다. 가끔은 부모에게 뭔가 의논하고 싶은 일도 있었을 텐데 자존심이 그것을 허락하지 않았나 봅니다.

전에 아동교육 전문가가 사춘기 아이들을 일컬어 '불만 제작소'라고 평가한 글을 읽은 적이 있습니다. 시를 쓰는 아동교육 전문가라서 그런지 정확한 단어를 잘 찾아낸 것 같다는 생각이 들었습니다. 제 아들은 말 그대로 '불만 제작소'였습니다. 매일매일 불만을 만들어 쌓아가는 것 같아 가족들 모두가 힘들었습니다. 집안 분위기는 늘 어둡고 우울했으며, 아들보다 다섯 살 어린 여동생은 오빠를 무서워했습니다.

하루하루가 낯선 내 아들

남편은 그런 아들이 마음에 들진 않지만 어느 정도는 포기한 눈치였습니다. 하지만 저는 포기할 수도 없었고 그런 상황에 익숙해지지도 않았습니다.

늘 웃음이 가득하던 내 아들, 엄마밖에 없다면서 나를 따르던

보물 같은 아들, 엄마가 최고로 좋다고 하면서 어버이날에 편지를 건네주던 내 아들……. 그런 모습들이 떠오르면 참기 힘들 만큼 우울하고 슬펐습니다. 뭐가 불만이고 문제인지, 어떻게 해서든 아들의 마음을 알고 싶은데 제 아들은 마음의 문을 걸어 잠근 채 대화를 거부했습니다.

아들은 식사가 끝나면 자리에서 일어나 거실로 갑니다. 그런데 다른 식구들이 거실로 와서 텔레비전을 켜면 벌떡 일어나 컴퓨터 앞으로 갑니다. 가족과 같은 공간에 있는 것도 피하는 눈치였습니다.

아무렇지 않은 목소리로 "오늘 몇 시에 올 거야?" "도시락에 닭튀김 싸줄까?" "요 앞에 새로 빵집이 생겼다는데." 하며 말을 걸면 "6시." "응." "그래?" 하는 무뚝뚝한 대답만 돌아왔습니다. 그러면 울컥해서 "도대체 무슨 말투가 그래? 제대로 말을 해야 할 거 아냐!" 하고 소리를 지르다가 나 혼자 침울해하는 일이 반복되었습니다.

사춘기 아이들은 '불만 제작소'라고 했으니 이해하려고 해도 이건 정말 너무한 것 같다는 생각이 들었습니다. 한번은 상황을 해결해보려고 아들과 하루 종일 나눴던 대화를 노트에 적어본 적도 있습니다.

"아들, 7시야. 이제 일어나야지."

"응……."

"잘 잤어?"

"네."

"잘 먹겠습니다."

"그래, 어서 먹어."

"잘 먹었습니다."

"응."

"다녀오겠습니다."

"응, 조심해서 다녀와."

"시험 언제부터 보는데?"

"내일모레."

"점심은 급식 나와?"

"응."

"잘 자."

"안녕히 주무세요."

하루 종일 나눈 대화가 고작 이 정도뿐입니다. 일주일 내내 같은 말만 쓰다 보니 갑자기 짜증이 나서 대화 일기도 쓰다가 말아 버렸습니다.

아들의 친구에게 질투를 느낀 순간

가족과의 관계는 피하던 아이지만 중학교, 고등학교 6년간 큰 문제를 일으킨 적은 없었습니다. 술이나 담배 문제 때문에 학교에 불려 다니면서 마음고생을 하는 엄마들도 있었지만, 제 아들에게 그런 문제는 없었습니다. 도리어 밖에서는 전혀 다른 얼굴을 하고 있었습니다.

통지표에 기재된 중학교 3년간 선생님들의 평가를 보면 학교생활은 꽤 훌륭한 편이었습니다.

"많은 친구들에게 둘러싸여 열심히 학교생활을 하고 있습니다. 친구들의 말에 귀를 기울이고 적극적으로 반응해줘서 반의 분위기 메이커 역할을 톡톡히 하고 있습니다."

"버스 안내 역할을 맡아 목이 쉬었는데도 열심히 합창 대회 연습에 참여하고 있구나. 다들 귀찮아하는 반 소개 일을 흔쾌히 맡아주어 고맙다. 너답게 박력 있고 멋진 소개였어."

"성장하는 네 모습을 보니 선생님도 기분이 좋아지는구나."

집에서 보여주는 모습과는 180도 다른 평가에 깜짝 놀랐습니다. '이건 도대체 어느 집 아들 얘기지?' 하는 생각이 들었습니다.

어느 날 현관에 나가니 아들이 막 집에 들어오고 있었습니다. 웃는 얼굴로 친구에게 "그래, 잘 가. 내일 봐." 하면서 손을 흔들고 있는 내 아들. 하지만 뒤돌아서서 나와 눈이 마주친 순간 아들의 얼굴은 얼음처럼 굳어버렸습니다.

그 순간 제가 느낀 감정은 질투였습니다. 아들의 친구가 한없이 부럽고 원망스러웠습니다. '이렇게도 널 사랑하는 나에게는 보여주지 않는 미소를 왜 타인에게는 아무렇지도 않게 보여주는 거냐!'라고 외치고 싶었습니다. 말로는 할 수가 없어서 꾹 참았지만 그때 아들이 친구에게 보여준 그 미소는 저에게 큰 상처가 되었습니다.

비로소 다시 찾은 내 아들

그렇게 불만 제작소 아들과의 6년이 흘렀습니다.

저는 계속 '저러다 달라지겠지. 냉정하게 기다리자.' 하는 마음과 '도대체 언제까지 이러고 살아야 하나? 정말 싫다!' 하는 마음 사이에서 끊임없이 흔들리고 갈등했습니다. 아주 가끔씩 화기애애한 분위기가 되면 뛸 듯이 기쁜 마음이 되었다가 다시 성의 없는 답변이 이어지면 아들에게 매달리고 조르고 싶은 충동이 일기도 했습니다. 엄마라는 존재는 정말 바보 같은 존재라는 생각도 들었습니다.

다행히 고등학교를 마칠 무렵부터는 그나마 전보다 훨씬 나아져서 조금씩 말을 하기 시작했습니다. 그 무렵 아들이 했던 말이 지금도 기억납니다.

"나 이제 식구들하고 어떻게 이야기하면 되는지 잊어버린 거 같아."

그 말을 듣고 나는 '아아, 이 아이도 전혀 생각이 없었던 건 아니구나. 하지만 한 번 뒤엉킨 관계는 회복하기가 정말 어려운 거구나. 누구에게도 마음을 터놓지 못하고 딱히 이유도 모른 채 답답하고 불만스러운 마음으로 살고 있었던 거구나'라는 생각을 했습니다.

가족 관계에 변화가 찾아온 것은 아들이 집에서 멀리 떨어진 대학에 가게 되면서부터입니다. 아는 사람이 아무도 없는 곳에서 혼자 살게 된 내 아들, 18년간 같이 먹고 자면서 생활했던 아들이 떠나간 집. 그것은 우리 가족에게 다시 시작하는 계기가 되었습니다. 아들은 연휴 기간에도, 여름방학 때도, 집에 한 번 오지 않더니 연말이 되어서야 겨우 잠깐 들렀습니다. 집에 온 아들과 우리 부부, 그리고 딸은 언제 우리가 어색했냐는 듯이 화기애애한 분위기 속에서 이런저런 이야기들을 나누었습니다.

학교에서 있었던 일, 아르바이트와 동아리 활동에 관한 이야기, 친구들 관계 등 많은 이야기를 했습니다. 도대체 옛날 그 모습은 어디로 가버린 걸까 하는 생각이 들 정도로 아들의 모습에서는 활기가 느껴졌습니다.

이제 제 아들은 엄마 치맛자락을 붙잡고 울고 웃던 초등학생 꼬마가 아니라 어엿한 청년이 되어 있었습니다. 아마 이젠 부모에게 정신적으로 의지하고 응석 부리는 아들로는 돌아오지 않겠지요. 생각해보면 그것도 조금은 쓸쓸한 일이지만 이제 겨우 결승점에 도달한 기분이 듭니다.

스물한 살이 된 아들은 올해도 연말에야 집에 왔습니다. 혼자 생활하느라 제대로 먹지도 못했을 테니 푸짐하게 상을 차리고 맥주를 사놓는 등 나름대로 최선을 다해 아들 맞을 준비를 했습니다. 하지만 매년 그렇듯이 아들이 집에 머무르는 시간은 그리 길지 않습니다. 게임을 하며 맥주를 마시는 즐거운 시간은 눈 깜짝할 사이에 흘러가버리니까요. 비록 하룻밤만 자고 가는 아들이지만, 저는 그 시간에 충분히 만족합니다. 이제는 아들과 온 가족이 함께 즐거울 수 있으니까요. 부모에게서 자립해 어엿한 성인이 된 아들을 본받아 저도 이제 품 안의 자식을 놓아주는 연습을 해야겠습니다.

부모 자식 간의 인연은 평생 이어지겠지만 '아이'와 '어른'의 관계는 끝났다고 생각합니다. 암울했던 6년이 '어른'과 '어른'의 관계를 구축하기 위한 도움닫기 시기였는지도 모르겠네요.

엄마의 변화는
아이를 크게 한다

· 첫 번째 ·

모두가 힘든 시간,
그런데 왜?

칸노 쥰

변화와 위험은 함께 온다

사춘기 자녀의 반항과 돌발 행동으로 고민하고 계시나요? 철부지 귀염둥이로만 느껴지던 아이가 어느 날 갑자기 "아줌마가 뭘 안다고 그래!" 하며 눈을 똑바로 치켜뜨고 대들면 정말로 하늘이 무너지는 것처럼 서럽고 화가 날 것입니다.

자녀가 반항기에 접어든 조짐을 보인다면 자연스럽게 받아들이고 넘어가는 게 가장 좋습니다. 지금까지 순하기만 하던 아이가 어느 날 갑자기 "엄마가 뭘 안다고 그래!" 하고 반항하면 '드

· 세 번째 이야기 엄마의 변화는 아이를 크게 한다 ·

113

디어 올 것이 왔구나!' 속으로 쾌재를 부르세요. 그리고 "맞아. 엄마는 몰라. 그래서 어쩔 건데요?" 하며 아무렇지도 않게 대꾸하는 것입니다. 하지만 "후유, 어디 그게 말처럼 쉽나요……. 애가 말을 그렇게 하면 피가 거꾸로 솟는 거 같아요"라고들 한숨을 쉬시겠지요?

'지피지기면 백전백승'이라는 말도 있듯이 먼저 사춘기 아이들의 반항 심리에 대해 짚고 넘어가보겠습니다. 아이들이 왜 그러는지 그 심리적 배경을 이해하는 것만으로도 답답한 심정과 차오르는 분노들을 어느 정도는 가라앉힐 수 있기 때문입니다. 사춘기에 접어든 아이들은 급격한 신체적, 정신적 변화를 겪으면서 부모에게 반항하곤 합니다. 몸집이 커지고 지식수준이 높아지는 사춘기 특유의 변화는 언뜻 보면 좋은 것처럼 느껴집니다. 하지만 변화라는 것은 언제나 위험을 동반하는 법입니다.

변화가 급격히 일어나면 일어날수록 그 위험함의 정도는 더 커집니다. 생각해보십시오. 가난한 노숙자가 갑자기 100억 원을 손에 쥔다면 어떻게 될까요? 무명 연예인이던 사람이 자고 일어났더니 유명 스타가 되어 있다면 어떻게 될까요? 기쁨과 행복에 어쩔 줄 몰라 하면서도 한편으로는 극심한 불안과 생활의 변화, 감정의 기복을 겪게 될 것입니다. 사춘기에 접어든 아이들도 이와 비슷한 상황이라고 생각하면 편하실 겁니다.

모두가 힘든 시간, 그런데 왜?

이제 아이들도 부모에게서 자립해야 할 시기가 왔습니다. 부모로부터 자립하는 것은 결코 쉬운 일이 아닙니다. 부모의 품은 아이들에게 더할 나위 없이 편안하고 따뜻한 은신처였으니까요. 지금까지는 어떤 사안에 대해 자기 의견인지 부모 의견인지 별 생각하지 않고 그저 부모가 시키는 대로만 하면 큰 문제가 없었습니다. 부모와 자식은 엄연한 '타인'임에도 불구하고 그 윤곽선이 불분명했던 것입니다. 십수 년을 이어온 애착 관계는 그만큼 끈끈하고 강한 연결 고리로 이어져 있습니다.

하지만 질풍노도의 시기를 거치면서 아이들의 몸과 마음은 스스로에게 '빨리 자립해!'라고 재촉합니다. 이런 변화 속에서 단기간에 보다 효과적으로 부모를 떼어내려면 부모로 하여금 '착하고 순하던 내 아이'를 포기하게 해야 합니다. 그런 심리가 짜증 섞인 차가운 말투와 반항적인 태도로 표출되는 것이고요.

이것이 아이 입장에서 본 심리 분석입니다. 물론 여기에는 부모의 사정도 깊이 연관되어 있습니다. 부모가 "드디어 올 게 왔구나. 이맘때는 다 그렇지 뭐." 하고 인정하고 받아들일 자세가 되어 있다면 위험한 사태로는 치닫지 않습니다. 이것을 아이 입장과 엄마 입장에서 한 번 더 정리해보겠습니다.

아이 입장에서 본 변화

⊙ 신체의 변화

- 몸이 급격히 성장한다
- 부모를 이기려고 든다
- 성 기능이 발달한다

아이의 신체 성장은 매우 급격히, 그것도 불균형하게 일어납니다. 키는 컸는데 몸속 내장 기관은 다 성장하지 못해 때로는 심신증(심리적 원인으로 신체에 일어나는 병적인 증상-역주)을 겪기도 합니다. 뼈 발달이 육체적 성장을 따라오지 못해 통증을 호소하는 경우도 있습니다. 급격히 성장하는 몸을 제대로 조절하지 못해 살짝 친다는 것이 그만 상대방을 다치게 한다거나 물건 같은 것에 부딪혀 자기가 다치는 일도 많지요. 이 시기에는 부모보다 몸집이 큰 아이들도 적지 않습니다. 그러면서 자연스럽게 '이제 난다 컸으니, 뭐든 내가 하고 싶은 대로 할 거야'라는 의지도 그만큼 커지게 됩니다. 성 기능도 발달해서 남자아이는 수염이 나고 몽정을 하며 여자아이는 초경을 하는 등 급격한 신체적 변화를 겪습니다. 이런 변화는 정신적인 면에도 큰 영향을 끼칩니다.

◉ 마음의 변화

- 인식 능력이 크게 발달한다
- 정서가 발달한다
- 성을 강하게 의식한다
- 남녀의 성 차이가 크게 나타난다

이 시기 아이들은 지적으로도 눈부신 성장을 보입니다. 인식 능력과 객관적인 판단력이 높아져 '부모님의 관계가 그리 좋지 않다'든가 '부모님이 자식들을 평등하게 대하지 않는다는 것' 등을 느끼기도 합니다. 정서적인 측면에서도 감정이 풍부해지기 때문에, 어떤 일이 일어났을 때 그 파장도 전보다 훨씬 커집니다. 이성에 대한 관심도 높아집니다. 지금은 정보의 홍수 시대라

불리는 만큼, 우리 아이들은 성에 대한 정보를 손쉽게 구할 수 있는 환경 속에 살고 있습니다. 그러면서 '좀 더 알고 싶다'는 강한 본능과 '부끄럽다'는 이성적인 판단 사이에서 흔들리기도 합니다. 연애 감정이 싹트기 시작하는 이 시기에 여자아이들은 실제 연령과 정신 연령이 균형을 이루지 못해서 남자아이들을 유치하다고 생각하는 경우도 있습니다.

⦿ 나 자신과의 만남

- 자신을 객관적이고 상대적으로 평가한다
- 본인이 완벽한 인간이 아니라는 사실을 자각한다
- 성장 모델이 보이지 않는다
- 에너지를 발산할 곳을 찾지 못한다

사춘기는 '상대평가의 시기'이기도 합니다. 초등학생 때 '내 꿈은 프로 축구 선수'라고 한 치의 망설임도 없이 말하던 아이가 중학생이 되면서 꿈을 쉽게 이야기하지 않는 경우를 종종 봅니다. 본인의 실력을 인지하게 되었기 때문입니다. 특별한 재능이 없는 평범한 자기 모습을 돌아보고 실망하기도 합니다. 장래도, 진로도 아무것도 결정되지 않는 상태에서 성장 모델이 보이지 않는 것도 이 시기의 특징입니다. 어른들의 결점만 보이는 통에 자기가 어른이 되면 어떤 모습일지 상상할 수 없는 것입니다. 급격한 성장으로 에너지가 넘치는 시기이기도 하지만 그 에너지를 어디에 발산해야 할지 몰라 방황하는 아이들도 많습니다. 학교 동아리 활동이나 취미, 공부로 발산하는 아이들도 있지만, 자기 에너지를 주체하지 못해 공격적인 성향을 보이거나 일탈 행동으로 표출하는 아이들도 있으니까요.

부모 입장에서 본 변화

⊙ 당황 : 인식의 전환이 안 되어 있다

태어나면서 지금까지 아이를 보호하고 보살피면서 계속 간섭을 해온 부모에게 '아이 인생은 아이에게 맡기자'라는 인식 전환은 결코 쉬운 일이 아닙니다. 하지만 과잉보호와 지나친 간섭은 아이의 반항을 자초하는 길입니다.

⊙ 불안 : 아이의 변화가 걱정스럽다

귀엽기만 하던 아이 얼굴에 거뭇거뭇 수염이 자라질 않나, 내

꽁무니만 따라다니던 애가 '아줌마는 저리 가!'라면서 엄마를 멀리하기 시작합니다. 그런 변화가 너무 순식간에 일어나서 현실을 받아들이지 못하고 '우리 아이 괜찮은 걸까?' 하는 불안한 마음이 드는 게 사실입니다.

◉ 부부 : 결혼해서 십수 년이 지나면 그냥 '가족'이다

아이가 사춘기를 맞이할 때쯤이면 대개 결혼해서 십 년 하고도 몇 년이 지난 즈음입니다. 남편은 일이 바빠서 교육에 참여할 기회조차 없어지기 마련입니다. 부부 사이의 대화도 줄어들고, 별 애틋함도 없고, 아내가 아이 문제로 의논을 해도 별 의지가 되지 않는 경우가 많습니다.

◉ 외로움 : 아이가 엄마를 멀리하려 든다

아이가 성장함에 따라 일일이 돌보아주어야 하는 양육에서는 해방되지만, 그것이 왠지 모를 불안을 낳으면서 자신의 삶을 돌아보게 됩니다. 이런 허전하고도 쓸쓸한 마음을 전문 용어로는 '빈집 증후군'이라고 합니다.

◉ 가족 문제 : 간호와 다른 자녀들 입시 준비 등

연로하신 부모 문제나 다른 자녀의 입시 준비 등 다른 가족들의 문제가 함께 부상하는 시기입니다. 또한 시간적 여유가 생기면서 시간제로 일을 시작하는 등의 변화가 생기는 시기이기도 합니다.

아이가 힘든 것처럼 어른에게도 어려운 시기인 것만은 틀림없습니다. 어른도 '어른의 사정'이라는 게 있으니까요. 하지만 앞에서 말한 것과 같은 그런 '어른의 사정'들을 별 탈 없이 해결해나가는 사람이 '현상을 입체적으로 볼 줄 아는 어른'이라는 것을 잊지 말아야 합니다.

어른의 마음을 갖지 못한 부모

저는 '아이의 마음' '어른의 마음'이라는 표현을 자주 씁니다. 나이와 상관없이 어린애처럼 순수하고 천진난만하며 자기중심적인 사고를 가진 사람이 있는가 하면 사물과 현상을 여러 방면에서 보고 분석할 줄 아는 어른스러운 사고방식을 가진 사람이 있기 때문입니다. 어른의 마음을 가진 사람은 이미 아이의 마음을 졸업한 사람이겠지요?

생각대로 되지 않는 현실을 인정하고 '남은 내가 아니다. 내 힘으로 바꿀 수 있는 게 아니다'라는 사실을 깨달을 때, 혹은 '이 사람은 이 사람 나름대로 사정이 있어 이런 행동을 했을 거야'라는 식으로 상대방을 이해할 수 있게 될 때 우리는 비로소 어른이 되었다고 할 수 있습니다.

그래서 장애아를 둔 엄마는 더 빨리 어른이 됩니다. 실제로 만날 때마다 이를 실감하지요. 혹자는 자식이 내가 원하는 대로만 커준다면야 아이의 마음 그대로 있어도 괜찮다고 할지 모르겠습니다. 하지만 자식이 생각대로 되지 않는다고 아이에게 화를 내고 질책만 하는 부모는 아직 어른이라고 할 수 없습니다.

어른의 마음을 가진 부모는 반항기 자녀의 심리를 이해하고 받아들입니다. 만약 아직도 어른의 마음을 갖지 못했다면 아이가 사춘기인 지금이야말로 부모에게 기회라고 생각하십시오. 내 마음대로 되지 않는 자식을 이해하려고 노력하는 사이에 부모는 진정한 의미에서의 어른으로 거듭날 수 있을 것입니다.

반항기, 대체 왜 필요한 걸까?

반항기는 자립을 위해 있는 시기입니다. 부모의 원조와 간섭에서 벗어나 다음 단계로 나아가기 위한 준비 기간이라고 할 수 있는 것이지요. 물론 태어나서 오늘에 이르기까지 긴 시간 동안 애착 관계를 맺어온 부모에게서 자립하기란 그리 쉬운 일이 아닙니다. '죄송한데요, 이제 슬슬 저를 자립시켜주시겠어요?'라고 능숙하게 교섭을 벌일 능력도 아직 부족합니다. 그래서 격한 반항과 공격을 무기 삼아 부모와의 관계를 싹둑 잘라버리려고 하는 것입니다. 다시 말해 반항기는 자립을 위한 기폭제라고 할 수 있는 것이지요.

또한 반항기는 부모와 나를 분리하기 위해 필요한 시기입니다. 어릴 때는 부모와 나를 분리하지 못합니다. 그래서 "우리 아빠는 사장님이야"라고 으스대며 자랑을 합니다. 아이들에겐 그것이 곧 자기 자랑이니까요. 하지만 '부모와 나는 다른 사람'이라고 느끼는 순간부터 나와 부모의 의견에 확실하게 선을 긋고 싶은 마음이 생깁니다. '나의 윤곽'을 확실하게 잡는 행위, 그것을 반항 속에 감춰진 속내라고 해석할 수도 있습니다. 하지만 이런 행동은 아이가 스스로를 고독하고 불안하게 만들기도 합니다.

우리 아이들은 고독해하고 불안해하면서 자신의 성장을 위한 치열한 작업을 하고 있는 셈인 것이지요.

사춘기는 '과거를 청산하는 시기'이기도 합니다. 이 시기 아이들은 자신의 가정환경과 성장 과정, 본인과 부모와의 관계, 부모의 부부 관계까지 객관적으로 볼 수 있게 됩니다. 그리고 성장 과정에서 부족했던 것, 불만스러웠던 것, 부모의 강요로 억지로 했던 것 등을 어떠한 형태로든 발산한 뒤 마음을 재정비하려고 하지요. 청소년기의 반항은 내면에 쌓인 과거를 스스로 청산하고 새로운 마음으로 인생을 다시 시작하기 위해 꼭 거쳐야 하는 중요한 의식이기도 합니다

제일 나쁜 말,
"다 너를 위해서야."

편의상 '반항기'라는 한 단어로 함축해서 정리하고 있지만 그 표현 방법도, 강도도 아이마다 모두 다릅니다. 혼자인 아이에게는 그 아이만의, 형제자매가 있는 아이에게는 그들만의 문제가 생깁니다. 그래서 실제 상황을 통해 알아보는 시간이 필요한 것이지요. 이럴 땐 어떻게 대응해야 하는지, 이런 말을 할 때는 어떻게 대꾸해야 하는지 등 반항기 자녀를 둔 엄마들이 보내온 사연들 중에서 대표적인 여섯 가지를 골라 전문가 선생님의 자세한 답변을 들어보겠습니다. 또한 이 시기 아이들과는 어떻게 의사소통을 해야 하는지도 알아보도록 하겠습니다.

엄마라면 한번쯤 궁금한 것들

Q | 아이가 반항기라고 느껴질 때, 부모는 기본적으로 어떻게 해야 하나요?

A | 반항기를 계기로 '아이를 어른으로 대하는 모습'을 보여주어야 합니다. 다음의 세 가지 사항에만 유의하면 심각한 상황으로 번지는 사태를 막을 수 있습니다.

⊙ 예민하게 반응하지 않기

아이의 반항적인 태도와 말투에 대해 예민한 반응을 보이지 말아야 합니다. 화를 내거나 사과를 강요하는 것, 혹은 반대로 지나치게 겁먹은 태도 등은 부모가 보여서는 안 될 모습입니다. 이런 모습을 보여준다면 수습이 불가능한 상황으로 치달을 수도 있습니다.

⊙ 아이를 떠받들지 않기

'제발 부탁이니까 공부 좀 하렴.' '시험에서 몇 등 안에 들면 게임기 사줄게'라는 식으로 부모가 부탁을 해서 어떤 일을 하게 만드는 것은 바람직하지 않습니다. 집안에서 안하무인이 될 위험이 있기 때문입니다. 당장 집에서 한 발짝만 나가면 냉혹한 현실이 기다리고 있습니다. 그걸 뻔히 알면서도 오냐오냐 하다가는 집과 학교의 격차가 너무 커지면서, 아이가 등교 거부 같은 예상치 못한 문제를 일으킬 가능성도 있습니다.

◉ 어른으로 대하기

아이의 반항기가 시작되면 '이제부터는 아이가 아니라 어른이다'는 마음으로 아이를 대해야 합니다. 아이가 어른스러운 말을 한다고 "어린애가 뭘 안다고 그런 말을 하는 거야?" 하는 식의 핀잔을 주어서는 안 됩니다. 집안일을 도와주거나 심부름을 해주면 고맙다는 말을 잊지 말고, 부탁할 일이 있으면 정중한 태도를 취하십시오. 컴퓨터나 휴대전화 사용법 등을 아이에게 배우는 것도 좋습니다.

Q | 사태를 악화시키지 않으면서도 피 말리는 전쟁을 피하기 위해서는 어떻게 해야 되나요?

A | 부모가 착한 아이에 대한 미련을 버리지 못하면 아이는 더

어긋나려고 하니 주의해야 합니다. 몇 년씩 마음고생을 심하게 시키는 아이도 있는 반면 잠깐 그러다가 온순해지는 아이도 있습니다. 그 배경에는 지금까지의 관계와 아이를 대하는 부모의 자세 등이 있습니다.

특별한 상황이 아닌 이상, 엄마에게 있어 육아는 매우 행복하고 보람된 일입니다. 늘 엄마를 따르고 좋아하는 아이, 엄마 품 안에서 쑥쑥 자라는 아이를 보면서 엄마들은 부자가 된 것 같은 기분을 느끼지요. 그런 아이가 언제부터인가 엄마에게 곁을 내주지도 않고 험한 말을 내뱉는다면, 그 충격이란 말로 표현하기조차 어려울 것입니다. 그럴 때 '사춘기 애들이 다 그렇지 뭐.' 하고 자연스럽게 받아들인다면 의외로 큰 탈 없이 지나갈 확률이 높습니다.

하지만 이런 현실을 인정하지 못하면 문제가 더 악화될 가능성이 있습니다. 부모가 '착하디 착한 내 아이가 갑자기 왜!'를 고집하면서 반항하는 아이의 심리를 이해하려 들지 않는다면 아이는 더 심하게 반항하게 됩니다. 부모의 그 '환상'을 깨주어야 하니까요. 그렇기 때문에 부모가 환상에서 벗어나지 못하고 집착할수록 아이는 더욱 난폭해지고 공격적인 성향을 보입니다. 매달리고 졸라대는 엄마와 도망가는 아이. 애증으로 얽히고설킨

드라마가 시작되는 것입니다.

아이가 불필요한 반항을 하지 않도록 부모는 '나와 아이는 다른 사람이다. 아이에게도 나름의 사정이 있다'라고 인정해주는 '어른의 마음'을 가져야 합니다.

Q | 아이에게서 반항기라고 할 만한 특별한 조짐은 보이지 않는데, 이대로 괜찮은 걸까요?

A | 개인적으로는 반항기를 겪는 게 좋다고 생각합니다. 하지만 호된 반항기를 겪지 않고 조용히 지나가는 아이들이 최근 늘고 있는 게 사실입니다. 그런 아이들은 대개 다음의 세 가지 경우에 속하는 애들입니다.

먼저, 갈등이 없는 부모 자식 관계를 갖고 있는 아이들입니다. 이 아이들은 원하는 것에 대해 절대 안 된다며 거절당한 적도 없고, 억지로 참아야 하는 경우도 별로 없었던 아이들입니다. 즉 반항할 필요를 느끼지 못하는 아이들인 셈이지요. 두 번째는 지배적인 성향의 부모를 둔 아이들인 경우입니다. 이런 집의 아이들은 옷이나 머리 모양을 포함한 생활 전반의 모든 것을 부모가 하라는 대로 하면서 자라게 됩니다. 결국 아이는 그 지배에 익숙해져서 반항할 생각을 하지 못하는 것이지요. 세 번째는 부모 자식 관계가 소원한 집의 아이들입니다. 부모가 너무 바빠서 아이와 밀접하게 접촉할 일이 없기 때문에 그만큼 서로에 대한 애착도 없고 부딪힐 일도 적은 것이지요.

아이가 반항기를 겪지 않는 이유로 최근 들어 눈에 띄는 것은 첫 번째 경우입니다. 사회 전체가 풍요로워진 증거라고도 할 수 있겠지요.

앞서 말씀드린 것처럼 저는 개인적으로 청소년에게 반항기가 필요하다고 봅니다. 반항한다는 것은 그만큼 마음속에 에너지가 넘친다는 증거니까요. 부모를 기진맥진하게 만들 정도로 강하게 주장하고 싶은 무언가가 있다는 것, 참 훌륭한 일 아닌가요?

아, 물론 반항기의 조짐이 보이지 않는다고 억지로 반항을 하게 만들 필요는 없습니다. 하지만 아이와의 관계를 곰곰이 되짚어볼 필요는 있다고 생각합니다. 부모인 내가 너무 지배적인 성향은 아닌지, 혹시 우리 아이와 너무 데면데면한 관계를 맺고 있는 것은 아닌지 고민해보는 것이지요. 그 고민의 결과, 아이를 대하는 나의 마음가짐과 자세에 문제가 있다면 서둘러 고쳐야 할 것입니다. 지나친 간섭이나 무관심이 더 큰 문제를 야기할 수 있으니까요.

갈등을 모르고 반항할 필요성조차 느끼지 못하는 아이는 매우 행복한 환경에서 자라고 있는 것이라 할 수 있습니다. 그렇지만 인생을 살아가다보면 다양한 사람들과 부딪히기 마련입니다. 사회에 나가면 공격적인 성향을 가진 사람과 갈등을 겪으며 일해야 하는 상황이 생길 수도 있습니다. 그럴 때마다 그 상황을 견디지 못하고 회사를 그만둔다면 정말 큰일이 일어나겠지요? 동아리 활동을 하면서, 또는 학원에 다니면서 다른 사람들과 갈등을 겪고 그것을 이겨나가는 경험을 쌓는 것이 아이들에게는 중요합니다.

Q | 요즘 들어 아이가 자기 동생을 자주 괴롭힙니다. 이것도 반항기 행동인가요?

A | 불안하고 답답한 마음을 동생들에게 푸는 경우도 있습니다. 자신의 불안하고 답답한 마음을 부모에게 풀지 못하고 다른 형제자매들에게 푸는 경우, 단순한 화풀이의 연장선이긴 하지만 그때까지의 형제자매 관계를 어느 정도 반영한 행동이라고도 볼 수 있습니다.

이 시기에는 아이의 인지능력이 비약적으로 발전합니다. 다른 형제자매들에게 막연하게 느끼고 있던 불만이 한 번에 분출되는 것이지요. '엄마는 동생한테만 잘해주고, 나는 만날 혼낸다'라든가 '동생은 예쁘다고 귀여움을 독차지하고 나만 찬밥이다'라든가 혹은 '언니라고 나만 참으라고 하는 건 불공평해!' 같은 인식이 싹틉니다. 이럴 때면 본래 부모를 향해야 하는 분노의 화살이 형제자매에게 향하는 경우도 적지 않습니다.

심신이 모두 불안정한 사춘기 아이들은 종종 동생처럼 자기도 부모에게 응석을 부리고 싶어 합니다. 하지만 부모들은 '다 큰 애가 애기처럼 왜 그래!' 하며 응석을 받아주지 않습니다. 그것이 동생을 향한 질투심으로 폭발하고 마는 것이지요.

이럴 때는 아이의 말에 귀를 기울여주는 자세가 필요합니다. 아이들은 아직 자신의 마음이나 감정을 정리된 언어로 풀어내는 능력이 부족합니다. 그렇기 때문에 부모가 먼저 "너만 혼낸다고 생각해서 화가 났구나." "그랬구나. 그래서 네가 하고 싶은 말은 뭔데?" 하는 식으로 언어화시켜 대화를 유도하면 효과를 볼 수 있습니다. 덮어놓고 무조건 질책만 하면 '만날 나만 손해 본다'는 생각에 사로잡혀 형제자매 관계가 더 악화될 가능성이 크다는 것을 명심하세요.

Q | 반항기를 보내고 나면 부모와 아이의 관계가 어떻게 달라지나요?

A | 사회에 나가는 과정에서 부모를 이해하게 됩니다.

반항기를 겪으면서 부모와 자식은 일시적으로 상처를 입을 수도 있지만 인간에게는 정화 능력이라는 것이 있습니다. '그때는 내가 너무 심했던 것 같다'고 아이도 반성을 하고, '내가 지나치게 간섭을 많이 했던 것 같다'고 부모도 자기 자신을 되돌아보는 시기가 생깁니다.

대개 20대가 되면 자식은 엄마를 이해하게 됩니다. 아빠를 이해하기까지는 좀 더 시간이 걸리기 때문에 보통 30대 정도가 되어야 하지만요. 본인이 사회에서 책임 있는 자리에 오르고 나서야 비로소 아빠의 마음과 사정을 이해하게 되었다고 말하는 사람들이 적지 않습니다.

하지만 반항기 때의 그 관계가 계속되는 경우도 있습니다. 어렸을 때 충분히 사랑을 받지 못하고 자랐거나 부모의 살뜰한 보살핌을 받지 못한 경우, 부모 자식 관계의 뿌리에 있는 문제가 해결되지 않으면 진정한 의미에서의 '내 아이의 반항기'는 끝나지 않을 수도 있습니다.

Q | 부모가 가져야 할 마음가짐을 세 가지 정도로 정리한다면 어떤 것들이 있을까요?

A | 먼저 부모인 나부터 '왜?'라는 의문을 갖는 것입니다. 공부 좀 하라고 잔소리를 하는 부모는 많지만, 공부를 왜 해야 하는지 그 이유와 공부의 진정한 의미를 알려주는 부모는 흔치 않습니다. 부모가 먼저 공부하는 모습을 보여주는 경우는 더욱 드물지요. 아이가 무언가를 해주길 바란다면 부모 자신이 먼저 그 의미를 곰곰이 생각해봐야 할 것입니다.

두 번째로 부부 관계 개선에 힘쓰십시오. 부부 관계가 좋아졌더니 아이의 반항이 거짓말처럼 사라졌다고 말하는 사람들이 셀 수 없이 많습니다. 사춘기 아이들이 겪는 문제의 배후에는 '엄마 아빠, 제발 사이좋게 지내세요!'라는 아이의 속내가 담겨 있는 경우가 많은 것이지요.

그리고 셋째, 내 아이의 주변에도 항상 관심을 가져야 합니다. 아이가 부모에게 반항하는 원인이 다른 데 있을 수도 있기 때문입니다. 친구 관계에서 문제가 생긴 것은 아닌지, 학교에서 따돌림을 당하고 있는 것은 아닌지, 수업을 못 따라가는 것은 아닌지, 아이의 전반적인 생활에 관심을 갖고 냉정한 눈으로 아이 주변을 잘 살펴야 하겠습니다.

"짜증나!" 좀 그만해라

"짜증나!" "시끄러워!" "잔소리 좀 그만해!" 이 말들은 이 시기 아이들이 가장 많이 하는 말들입니다. 그러니 특별히 이상한 일도, 어처구니없는 일도, 겁날 일도, 불안해할 일도 아닙니다.

하지만 부모는 본인의 행동을 한번 돌아볼 필요가 있습니다. 짜증나는 일을 하니까 짜증난다는 말을 듣는 것이며, 잔소리를 해대니까 잔소리 좀 그만하라는 말을 듣는 것입니다. 그 짜증나는 잔소리의 '빅 3'가 "공부해!" "정리 좀 해!" "어디 가는지 말 좀하고 다녀!"입니다. 이런 말들이 아이들에게는 짜증나는 잔소리로만 들리는 것이지요.

다른 사람에게 부탁을 할 때는 "이것 좀 해주시겠어요?" 하고 정중하게 부탁을 하면서 내 아이에게는 "청소 좀 해라. 조금이라도 도와야 할 거 아니야!" 같은 명령조로 말해서는 안 됩니다. "이걸 좀 해주겠니?"라고 부탁을 해야 합니다. 유아기 때부터 그렇게 하면 더더욱 좋습니다. 그러면 제 아무리 질풍노도의 사춘기 아이라도 "짜증나! 잔소리 좀 그만하라고!"라는 반응을 보이지는 않을 것입니다.

아이의 반항을 조장하는 또 하나의 원인은 부모의 반응입니다. 아이 말에 화가 치밀어서 "뭐야, 그 말투는!" 하고 곧바로 받아치며 소리를 지르는 게 일반적인 부모의 반응입니다. 그러면 아이 역시 "잔소리하니까 잔소리한다고 그랬는데, 그게 뭐!"라고 하면서 더 격하게 반항하게 되는 것이고요. 작은 불씨에 두 사람이 함께 장작을 지피는 셈이 되는 것이지요. "네네, 잔소리쟁이 엄마가 잘못했네요"라고 한발 물러서면 금방 꺼질 불인데 말입니다.

부모는 아이를 사랑하기 때문에 아이의 반항을 두려워합니다. '내가 아이를 잘못 키운 건 아닐까?' '뭔가 부족한 건 아닐까?' 하면서 불안해지는 법이니까요. 그래서 "뭐야, 그 말투는!" "공부해!"로 불끈거리며 반응합니다. 그러면 아이에게도 그 불안이 고스란히 전해져서 아이 역시 "잔소리 좀 그만해!"로 받아치게 됩니다. 아이를 위해서가 아니라 부모가 자기 자신을 안심시키기 위해 무의식중에 그런 말투가 나온다는 것을 아이들도 알고 있는 겁니다.

다른 나라 사람처럼 대하기

아이를 바꾸기 위해서는 먼저 부모 자신의 말투나 행동부터 달라져야 합니다. 분명한 것은 부모라는 존재는 대개 이기적이라는 것입니다.

우연히 아이가 꺼내놓은 물건이 눈에 들어오면 "그거 뭐야, 빨리 치워!" 하고 명령을 합니다. 지금 아이가 무엇을 하고 있고 무슨 생각을 하는지 도무지 헤아려보려고 하지 않습니다. 그러지 말고 "미안한데 이제 밥 먹어야 하니까 이거 좀 치워줄래?"라고 말하면 얼마나 좋을까요?

반항기 아이의 태도를 바꾸고 싶다면 아이를 다른 나라에서 온 유학생 대하듯 해보십시오. 그들은 전혀 다른 문화 속에 살고 있으며 말조차 통하지 않습니다. 현관을 열고 들어와서는 아닌 밤중에 홍두깨처럼 "할머니!"라고 부를 때도 있지만 어쩔 수가 없습니다. 문화가 다르니까요. 어느 정도는 포기하고 통하는 말로 커뮤니케이션을 하는 것입니다. 반항기 아이도 이와 같습니다. 꼭 한번 시도해보세요. 대부분의 문제를 해결할 수 있을 테니까요.

아이에게 원하는 태도가 있다면 부모가 그런 태도를 보여야 합니다. 부모가 바뀌지 않으면 아이는 절대 변하지 않는다는 걸 잊지 마세요.

제일 나쁜 말, "다 너를 위해서야."

그렇다면 지금 당장 손쉽게 바꿀 있는 부모의 행동에는 무엇이 있을까요?

먼저, 말을 하지 말고 참는 것입니다. 부모는 자기도 모르게 잔소리를 늘어놓는 경우가 많습니다. 내 아이가 아닌 다른 사람에게 '이건 이렇게 하고 저건 저렇게 해.' 한다면 분위기가 어떨까요? 일단은 말을 좀 참아봅시다. 무시하는 게 아니라 아이가 말할 수 있도록 기다려주는 하나의 방법입니다.

다음으로는 듣는 것입니다. 말을 하지 않는다는 것은 듣는다는 것입니다. 사춘기 아이의 말에 귀를 기울이는 것이지요. '너의 말을 듣는 게 나에게는 매우 중요한 일'이라는 메시지를 전하는 것이 바로 경청입니다. 그리고 부정적인 말은 하지 않는 게 중요합니다. 아무 생각 없이 부정적인 말을 입에 담는 부모들이 많습니다. "이렇게 공부해서 고등학교에나 가겠니?" "이보다 성적이 더 떨어지면 어떻게 하려고 그래!" 등의 말들은 그렇지 않아도 불안한 아이에게 직격탄을 날리는 셈입니다.

화를 내지 말아보십시오. 이것은 훈련이 필요한 일입니다. 화가 나려고 하면 '아, 내가 지금 화를 내려고 하는구나'라고 스스로 깨닫는 것이 중요합니다. 이런 자각만으로도 큰 성과라고 볼 수 있습니다. 처음에는 어렵겠지만 자꾸 훈련하다 보면 익숙해질 것입니다. 그리고 아이의 기분을 살피십시오. 말을 걸기 전에 아이의 상태가 어떤지, 짜증이 나 있지는 않은지, 혹시 다른 일에 집중하고 있지는 않은지 살펴보십시오. 아이의 상태는 아랑곳하지 않은 채 "너 그거 해야지." 하고 명령을 하니까 "짜증나, 잔소리 좀 그만해!"라는 말이 오가며 말다툼을 벌이는 것입니다.

아이와의 의사소통에 식사와 간식을 이용해보십시오. 아이의 짜증이 폭발했다면 한 템포 쉬어가는 것도 나쁘지 않습니다. "밥 먹고 나서 얘기하자." "간식부터 먹자." 하고 분위기를 전환해봅시다. 얘기는 그다음에 해도 늦지 않습니다. 꽤 효과 있는 방법이니 꼭 한번 시도해보시기 바랍니다.

아이가 공부하기를 싫어하고, 정리도 안 하며, 아침에 일어나지 못하는 게 부모의 책임은 아닙니다. 부모의 자책감은 아이를 질책하는 도구로 잘못 사용될 수 있으며, 도리어 자책하지 않기 위해 아이 일에 더 간섭하게 되는 악순환을 불러올 수도 있습니다. 그것은 어디까지나 아이의 문제라는 사실을 인식하는 게 중요합니다. 그러니 부모가 자책하지 않는 게 중요합니다. 또한 사과하는 걸 두려워하지 않아야 합니다. 부모도 사람입니다. 그러니 부모의 약한 모습을 아이에게 보여줄 필요도 있습니다. 실수를 했거나 너무 심하게 말했다면 진심으로 사과하는 것이 좋습니다. "다 너를 위해서 그랬어"라는 식의 자기 정당화는 절대 하지 말아야 하는 것이고요.

칸노 쥰 첫 번째, 두 번째 꼭지에서 이야기를 들려주신 사춘기 심리 전문가 칸노 쥰 선생님은 일본 중학생들을 위한 셀프 체크 테스트를 만들었으며, 현재 와세다대학교 인간과학학술원 교수로 재직 중입니다. 센다이 출신인 선생님은 와세다대학교 심리학과를 졸업한 뒤 같은 학교 대학원 문학연구과에서 심리학 전공으로 석사과정을 수료하였습니다. 전문 분야는 발달심리학과 임상심리학이며, 상담가로서 일본의 아이들과 부모들에게 조언 및 강연 등도 하고 있습니다.

대화가 되는
소통법은 따로 있다

스가하라 유코

아무리 많은 예를 보고 들어도 반항기 아이들의 양상은 아이들의 수만큼이나 다양할 것입니다. 반면 진심 어린 마음으로 아이와 소통하고 싶다는 부모들의 바람은 어느 집이나 매한가지일 테고요.

반항하는 아이와 소통이 힘든 이유는 어떤 식으로 대화를 해야 할지 몰라서일 것입니다. 그래서 알아보았습니다. 내 아이가 이럴 때는 어떻게 하면 좋을까요?

공부하기 싫어할 때

Q | 시험 점수를 45점 받아 왔어요. 시험 전에 그렇게 얘기를 했건만, 공부는 나 몰라라 하더니 형편없는 점수를 받아 왔네요. 화를 냈더니 짜증을 부리면서 학원에도 안 가겠다고 합니다. 최소한 평균 70점은 받아 왔으면 좋겠건만. 이럴 땐 어떻게 대화를 해야 하지요?

OK 목표 점수를 아이 자신이 자각할 수 있도록 유도한다

NG 부모가 원하는 점수를 강요한다

⊙ **바람직한 대화 방법 사례**

엄마 : 이 점수, 어떻게 생각해?

아이 : 공부를 안 했으니까 어쩔 수 없잖아.

엄마 : 그렇구나. 공부를 안 했구나. 그럼 점수에 대해서는 어떻게 생각하는데?

아이 : 당연히 짜증나지!

엄마 : 그럼 몇 점이나 받으면 짜증이 안 날 거 같아?

아이 : 당연히 100점이지.

엄마 : 음, 80점은 어때?

아이 : 80점도 잘한 편이지.

엄마 : 그럼 네가 생각했을 때 잘하고 못하고의 경계는 몇 점 쯤이야?

아이 : 75점 정도.

엄마 : 그래? 그럼 다음에는 75점 이상 받도록 노력하면 되겠네. 그러려면 어떻게 해야 할까?

이런 식으로 아이 자신이 목표를 정하도록 유도하는 게 좋습니다. 당연한 말이지만 내 아이가 공부를 잘하는 건 세상 모든 부모의 소원일 것입니다. 내 아이가 공부를 잘한다는 것은 아이가 인생을 사는 데 있어 꼭 필요할 자신감 같은 것과도 무관하지 않기 때문입니다. 아이가 스스로 목표를 정할 수 있게 충분한 대화를 통해서 그 의미를 알려주어야 합니다. 그다음은 아이가 결정하도록 해주세요. 물론 이럴 때는 아이의 기분과 상태를 살펴보고 불필요한 잔소리는 가급적 삼가는 게 좋겠습니다.

스스로 해야 할 일을 하지 않을 때

Q | 아침에 몇 번을 깨워도 일어나지 않아요. 자기가 깨워달라고 해놓고 깨우면 "알았어, 알았다니까. 5분만." 하면서 이불 속으로 들어가 다시 잠들어버립니다. 몇 번을 깨우다가 저도 짜증이 나서 결국 큰소리를 내게 되고요. 이건 뭐, 아침마다 전쟁이 따로 없습니다.

OK 더 이상 깨우지 않겠다고 아이에게 선언을!

NG 지각이 부모의 책임이라고 생각한다

⊙ **바람직한 대화 방법 사례**

엄마 : 엄마가 할 얘기가 있는데 좀 앉아볼래?

아이 : 뭔데?

엄마 : 책을 보니까 말이야. 어떤 선생님이 이런 말을 했더라.

아이 : 무슨 말?

엄마 : 아침마다 엄마가 너를 깨우는 건 너의 자립을 방해하는 행위래. 그래서 엄마는 내일부터 너를 깨우지 않으려고 해.

아이 : 무슨 소리 하는 거야? 안 깨워주면 지각하잖아!

엄마 : 그러니까 말이야. 엄마도 그게 걱정이네.

아이 : 그럼 깨워주면 되잖아.

엄마 : 미안하지만 그럴 수는 없어. 너의 자립을 위해 더 이상 깨우지 않을 거야. 그러니까 이제 어떻게 하면 좋을지 네가 한 번 생각해봐.

아이 : 그럼 알람 맞춰놓고 자야겠네. 근데 알람시계가 없는데 어떡해?

엄마 : 그거야 마트 가서 사오면 되지.

이런 식으로 아이 스스로 대책을 강구하게 하는 것입니다. 설사 아이가 지각을 한다 해도 그건 어쩔 수 없는 노릇입니다. 아침에 못 일어나면 낭패를 겪는 사람이 누구일까요? 바로 아이입니다. 지각을 하더라도 스스로 일어나는 것이 중요합니다. 아침에 아이를 깨우는 것은 책임감을 가르칠 수 있는 절호의 기회를 부모 스스로가 포기하는 것입니다. 아침에 깨워주는 부모야말로 진짜로 무책임한 부모라고 생각하세요. 다만 더 이상 깨우지 않겠다고 선언할 때, 아이가 부모에게 서운해하지 않도록 배려하는 말투로 해야 하는 것을 잊지 마세요.

정해진 규칙을 어기려고 할 때

Q | 아이가 자꾸 휴대전화를 사달라고 조릅니다. 하지만 휴대전화가 있으면 친구들과 메시지만 주고받을 게 뻔해서 아직 사주지 않았습니다. 고등학생이 되면 사 주겠다고 했더니, 다들 가지고 있는데 자기만 없다면서 화를 냅니다.

OK 부모의 가치관을 진지하게 전달한다
NG 조건을 달아 허락한다

⊙ **바람직한 대화 방법 사례**

아이 : 휴대전화 없는 애는 우리 반에서 나밖에 없단 말이야.

엄마 : 미안, 하지만 엄마는 고등학교에 올라가기 전까지 휴대전화는 필요 없다고 생각해.

아이 : 왜 나만 안 되는데?

엄마 : 미안하게도 엄마는 중학생에게 휴대전화는 사치라고 생각하거든. 그래서 사 줄 수 없어.

아이 : 짠순이!

엄마 : 어머, 어떻게 알았어? 하하, 짠순이라고 생각해도 어쩔

수 없어. 우리 집에서는 고등학생이 되기 전까지 휴대전화는
안 된답니다!

약간의 농담을 섞어가며 부드러운 분위기 속에서 분명하고 단
호한 태도를 보여주는 게 중요합니다. 어느 세계에든 정해진 기
준이라는 것이 있습니다. 이는 가족에게도 마찬가지입니다. 아
이가 조른다고 해서 부모가 자신이 정한 가치관을 굽히고 타협
한다면 결국 아이는 규칙을 지켜야 하는 의미를 배우지 못하게
됩니다. 그러므로 부모의 가치관과 정해진 규칙의 의미를 정확
히 전달하세요. 이때는 단호하면서도 부드러운 말투로 전하는
것이 중요합니다. 제발 '성적이 오르면 사 주겠다'는 식의 어설픈
타협은 하지 마십시오.

스가하라 유코 기업 인재 육성 교육을 통해 알게 된 수많은 의사소통 기법을 살려 '하트풀 커
뮤니케이션'을 만들어낸 스가하라 유코 선생님은 스물다섯 살 된 딸아이의 엄마입니다. 일본 전
역의 사람들을 대상으로 어떻게 하면 '마음 대 마음'의 대화를 할 수 있는지 강연을 통해 알리고
있습니다.

극단적인 상황을
피해가는 방법

칸노 쥰 | 스가하라 유코

말을 해도 듣지 않고 하지 말라는 것만 골라서 하는 듯한 반항기 아이를 보며, 부모는 하루에도 열두 번씩 '참을 인' 자를 떠올립니다. 어떻게든 충돌을 피해보려는 것이죠. 하지만 정신을 차려보면 어느새 아이와 전쟁 중인 경우가 많습니다. 이런 부모와 아이의 전쟁 상황은 가지가지이지만 고민 내용은 결국 비슷하더군요. 부모가 어떻게 하면 아이와 전쟁을 피할 수 있을까요? 집 안에서 일촉즉발의 상황을 극복할 수 있는 방법을 전문가에게 물었습니다.

현명한 부모의 대처법

Q | 시험이 일주일도 채 안 남았는데 아이는 거실에서 텔레비전만 보고 있습니다. 30분은 참아줬는데 또 다른 방송을 보겠다며 채널을 돌리는 순간 "대체 공부는 언제 하려고 그래? 시험이 일주일도 안 남았잖아!"라고 폭발하고 말았습니다. 그랬더니 "아, 짜증나! 이제 하려고 했다고. 엄마가 그러니까 공부할 마음이 싹 가시잖아!"라면서 적반하장으로 대들기까지 합니다. "어차피 할 마음도 없었으면서, 엄마한테 그게 무슨 말버릇이야?" 끊임없이 이어지는 이 대치 상황을 어떻게 하면 좋을까요?

A | 실패를 통해 깨달을 때까지 기다리세요.

옛날부터 육아는 실패를 통해 배운다고 했습니다. 아무리 부모가 옳은 길로만 앞서 나간다 해도 실패할 때가 있습니다. 하지만 실패했다고 좌절하고 그것으로 끝나는 게 아니라 실패를 통해 깨달음을 얻는 넉살 좋고 배짱 두둑한 아이로 자랐으면 싶은 게 부모의 마음입니다. 부모가 해야 할 말을 했다면 그것으로 충분합니다. 시험이 일주일밖에 안 남았으니까 공부해야 하는 거 아니냐고 말했다면 일단은 다그치지 말고 기다립니다. 공부를 안 해서 시험을 못 봤다면 아이도 느끼는 바가 있을 겁니다. 한 번에 안 된다고 조급해하지 말고 아이를 끝까지 지켜보는 여유가 필요합니다.

Q| 공부하라고 하면 '공부해봤자 쓸 데도 없잖아. 너무 시시하다고'라는 식의 시큰둥한 대답만 늘어놔서 맥이 빠집니다. 환경 파괴로 어차피 다 죽을 건데 공부는 해서 뭐 하냐, 경기도 안 좋은데 공부한다고 뾰족한 수 있겠냐, 출세해서 오히려 나쁜 짓만 하는 사람도 많지 않으냐, 성실하게 일하고 공부해봤자 의미가 없다 등등…… 공부를 하지 않아도 될 이유가 너무 많은 우리 아이. 순수하고 솔직한 마음은 좋지만, 공부는 너를 위해서 열심히 해야 한다고 다독이고 있습니다. 대체 이 아이를 어떻게 해야 할까요?

A| 부모의 생각과 의견을 알려주세요.
공부하라는 말은 대개의 경우 효과를 거의 발휘하지 못합니다. 왜 공부를 해야 하는지 아이가 이해할 수 있는 말로 설명할 수 있나요? 아이는 어른의 거짓말을 꿰뚫어봅니다. 아이가 그런 말을 하는 것은 현재 자기주장에 대해 부모가 어느 정도 확실한

답을 줄 수 있는지 시험하고 있는 것입니다. 그럴 때는 부모도 "환경 파괴가 문제인 건 맞지만, 그걸 늦추기 위한 사람들의 노력은 필요하다고 생각해. 문제 해결을 위해 조사하고 연구하는 사람들도 얼마나 많은데." 하는 식의 진지한 자세로 대응해야 합니다. 그러면 아이도 귀 기울여줄 게 틀림없습니다.

Q | 매일 농구부에서 살다시피 합니다. 지난번엔 시합이 끝나고 집에 오더니 "이따 7시에 햄버거 가게에서 모임이 있어. 선배랑 친구들도 다 올 테니 나도 갈래"라고 하기에 7시는 너무 늦은 시간이라 절대 못 가게 했습니다. 저녁에 아이 혼자 내보내는 걸 해본 적이 없어서 그렇게 했는데, 나중에 이야기를 들어보니 아이들 대부분이 참석했다고 하더군요. 앞으로 이런 식의 외출을 허락해야 할지 말아야 할지 고민입니다.

A | 부모가 인정할 수 있는 범위를 먼저 정하세요.

무엇이 문제인가요? 저녁 7시에 나가는 게 문제인가요? 아니면 햄버거 집에 가는 게 문제인가요? 덮어놓고 반대하기 전에 누가 오는지, 몇 시쯤 들어올 건지 등을 먼저 물어보세요. 그다음 "9시까지 올 거면 보내줄게." 혹은 "이따 엄마가 데리러 갈게."

등의 부모가 허용할 수 있는 선을 제시하면서 허락할 것은 허락하는 것도 한 가지 방법입니다. 물론 '7시부터는 외출 절대 금지'라고 결정했다면 가지 못하게 해야 합니다. 시험에서 몇 점 이상을 받아 오면 보내주겠다 하는 식의 조건부 허락도 바람직하지 않습니다.

Q | 물건을 어지르고 치우지 않아 고민입니다. 학교에서 돌아오면 가방은 현관에, 교복은 바닥에 널브러져 있습니다. 자기 방 책상 위에는 모든 물건이 한꺼번에 쏟아져 나와 있어 늘 난장판입니다. 좀 치우라고 백날 얘기해도 돌아오는 것은 짜증뿐, 들은 척도 하지 않습니다. 그냥 무시해야 할까요?

A | 하하, 저도 정리하는 데는 소질이 없습니다. 각종 물건이 차고 넘치는 시대인 만큼 정리에도 고도의 기술이 필요한 것 같습니다. 먼저 부모가 정리하기 쉬운 환경을 만들어주는 것도 방법이겠습니다. 우선 현관이나 거실처럼 가족들이 함께 이용하는 공간을 어지럽혔다면 "여기에 가방이 있으면 다른 식구들이 불편하니까 좀 치워줄래?"라고 정중하게 부탁합니다. 정리는 그 사람의 자질과도 관련이 있으니까요.

하지만 아이 개인만의 공간이라면 어느 정도 타협도 필요하지 않을까요? 정리의 수준은 사람마다 다르므로 그 부분을 존중해 줍시다. 개인적으로는 '야단맞으며 억지로 정리한 깔끔한 방에서 씩씩대는 것'보다는 '좀 어수선한 방에서 편히 있는 것'이 낫다고 생각합니다.

Q | 자꾸 거친 말투로 대듭니다. 조금이라도 통행에 방해가 되면 "저리 비켜!"라며 소리를 치기 일쑤고, 우스갯소리로 자식이 셋이나 돼서 식비가 많이 든다고 했더니 "그러기에 돈도 없으면서 애를 왜 셋씩이나 낳아. 그러고서 힘들다면 다야?" 하고 큰소리를 칩니다. 가능하면 참으려고 노력합니다만, 어떨 땐 저도 "엄마한테 무슨 말버릇이 그래?" 하면서 폭발하고 맙니다. 그러면 몇 배나 거친 말로 대들어서 저를 힘들게 합니다.

A | 일일이 화낼 필요 없습니다.

아이들의 말 중에는 어른들이 도저히 알아들을 수 없는 말도 많습니다. 그야말로 '외국 사람'이 따로 없는 것이지요. 이 시기 아이들은 두려움과 불안 속에 있으므로 사소한 일에도 신경이 예민해집니다. 그러니 아이들 말에 일일이 예민하게 반응할 필요는 없습니다. 비키라고 하면 "아이고, 실례했습니다"라고 하며 비키면 됩니다.

심한 말을 들어도 일일이 반응하지 말고 농담과 웃음을 섞어 분위기를 반전시켜봅시다. 아이들 앞에서 '식비가 너무 든다'는 말을 한 것은 우스갯소리라 할지라도 분명 좋은 행동은 아닙니다. 그러니 이 부분은 사과하는 것이 좋겠습니다. 지금은 이런 아이라도 결국 부모의 마음을 이해할 날이 분명히 온다는 것을 기억하세요.

Q | 동생에게 말을 심하게 합니다. 여동생이랑 싸우면서 도저히 그냥 넘기기 힘든 말을 하기에 주의를 주었더니 "엄마는 아무것도 모르면서 왜 끼어들어!"라고 반항합니다. "화나는 건 알겠는데 동생한테 그렇게 말하는 게 어디 있니? 네 마음은 이해하겠지만, 지금 말은 너무 심한 거 같아"라고 타이르긴 하지만 속상합니다.

A | 제삼자는 가급적 끼어들지 않는 게 좋습니다. 아이 말대로 엄마는 당사자가 아니므로 가급적 끼어들지 않는 것이 가장 좋겠지요? 꼭 끼어들어야 한다면 유머를 잊지 않도록 해주세요.

동생 앞을 막고 서서 "제발 부탁이야. 우리 아이를 괴롭히지 말아줘!"라는 식의 웃음으로 사태를 진정시키는 것이지요. 저희 어머니는 형제들 사이에 싸움이 벌어지면 방석을 가지고 와 "이런 재밌는 경기를 놓칠 수는 없지. 관전 좀 할게." 하면서 한술 더 뜨곤 했습니다. 이런 게 불가능하다면 그냥 보고만 있는 게 좋습니다. 심한 말을 했다는 것은 누구보다 본인이 가장 잘 알고 있으니까요.

Q | 저희 딸은 아빠를 너무나 싫어합니다. 아빠가 가까이 다가서기라도 하면 저리 좀 가라며 짜증을 냅니다. 밖에서 우연히 아빠를 만났을 때 친구들은 "안녕하세요?"라고 인사를 하는데 정작 자식인 딸은 모르는 사람 취급을 해서 오히려 친구들을 난처하게 만든 적도 있다고 합니다. 반항기라서가 아니라 그냥 아빠를 싫어하는 게 아닌가 걱정이 됩니다.

A | 여자 대 여자로 의견을 말하면 어떨까요? 여자아이가 중학교 2학년쯤 되면 '남자는 불결하고 이상한 존재'라고 생각하는 아이들도 생깁니다. 그런 시기라고 인정하고 아빠가 마음의 상처를 입지 않도록 배려합시다. 물론 아빠를 무시하는 따님의 태

도는 짚고 넘어가야 할 부분이고요. 비슷한 경험을 했던 제 친구는 딸한테 이렇게 얘기했다고 합니다. "내 남편에게 그런 무례한 언행은 삼가면 좋겠는데." 정당한 요구이기 때문에 무턱대고 혼내는 것보다 큰 효과를 기대할 수 있습니다. 부부 관계가 좋다는 안도감을 심어주는 계기도 되니 일석이조라고 생각합니다.

애정과 책임을 강조

한 사람의 인생은 스무 살부터 온전히 자신의 것이라고 생각합니다. 저도 스무 살에 독립을 했고, 제 딸도 그랬습니다. 그러기 위해서는 여덟 살 때까지 자립할 준비를 하고, 열여섯 살 때까지 본인 의지로 인생을 선택할 수 있는 훈련을 해야 합니다. 남은 3년은 함께 살면서 '이 아이가 혼자서 살 수 있는지'를 부모가 확인하는 시기입니다.

사춘기는 자녀교육의 마지막 무대입니다. 다시 한번 지금까지의 육아 과정을 되짚어보십시오. 사랑하는 마음을 제대로 전달하고 있는지 돌아보는 것입니다. 내 아이가 부모의 사랑에 불안을 느끼고 있다고 판단했다면, 괜한 쑥스러움에 주저하지 말고

나의 진심을 진정성 넘치는 말로 전달해야 합니다. 그다음 중요한 것은 책임을 아는가에 대한 것입니다. 아침에 깨워도 일어나지 않고, 공부하라고 닦달을 해야 겨우 책을 펼쳐 든다면 책임을 배우지 못했다는 말입니다. 간섭하고 싶은 마음을 접고 아이의 자주성에 맡겨주세요. 쉬운 일은 아니겠지만 진심을 다해 부모의 마음을 보여주십시오.

아이의 반항기는 육아의 결산기

아이의 반항기는 부모에게도 성장의 기회입니다. 가만히 본인의 사춘기 시절을 떠올려보십시오. '그때 우리 부모님은 어떤 마음이었을까?' '부모님에게도 무슨 사정이 있었던 것일까?' 등의 생각을 하게 될 것입니다. 그 시기에는 몰랐던 어른의 마음으로 내 부모를 추억하고 이해하는 일이 아이를 키우는 나 자신의 성장에도 큰 도움이 되지 않을까요?

이 시기는 부모로서 걸어온 십수 년을 뒤돌아보는 기회이기도 합니다. 사춘기는 육아의 결산기입니다. 아이가 지금까지 느껴왔던 불만을 다 이해하고 받아주기는 어렵겠지만, 아이를 나에게 종속된 존재가 아니라 독립된 하나의 인격체로 보아야 합니다.

또한 내 인생에서 보람을 찾을 수 있는 일은 무엇인지, 아이가 독립한 다음 나는 어떻게 살아야 할지에 대해 진지하게 생각해야 할 시기이기도 합니다. 물론 부부 관계를 돌아보고 재구축하는 작업도 병행되어야 하겠지요. 아이의 반항기는 부모의 인생에도 '양식'이 된다는 사실을 잊지 마십시오.

엄마는 아이를
절대 포기하지 않는다

사춘기를 보내고 있는 여자아이들은 세상 그 누구보다 예민합니다. 그래서인지 대하는 것도 무척이나 어렵습니다. 딸을 가진 엄마들의 반항기 체험담을 들어보면 그 하나하나가 다들 처절한 전쟁 같습니다. 상대적으로 예민해서 그런 걸까요?

이번에는 중학교 2학년 딸의 생활 태도에 갑자기 이변이 생긴 것을 계기로 결국 자신의 생활까지 바뀌게 되었다는 한 엄마의 이야기를 들어보겠습니다.

내 딸이 절도를?

딸이 중학교 2학년이 된 직후, 아이가 좀 달라졌다는 것을 맨 먼저 눈치챈 사람은 남편이었습니다.

"요즘 못 보던 물건들이 많이 나오는 거 같지 않아?"

확실히 딸한테서 펜던트니 과자 상자니 그림이 들어간 메모장이니 하는 자잘한 물건들이 늘어나는 것을 저 또한 어렴풋이 느끼고 있었습니다. 용돈은 한 달에 2,000엔 정도(3만 원 정도). 딸이 사고 싶은 물건을 마음껏 살 수 있는 금액은 아닙니다. 남편이 무슨 생각을 하는지 알게 되자 저까지 정신이 번쩍 들었습니다.

설마 절도……? 나이가 나이이니 만큼 그런 일은 없을 거라고 장담할 수도 없는 시기인데…….

못 보던 물건이 늘었다는 말을 듣기 전까지 그런 일은 꿈에도 생각하지 못했습니다. 우리 애만은 절대 그럴 리가 없다고 철석같이 믿었는데……. '절도'라는 단어가 둔기가 되어 내 머리를 내리치는 것 같았습니다. 일단 못 보던 물건들을 모아놓고 딸아이에게 물어보았습니다.

"이것들 도대체 어디서 난 거니?"

"친구가 줬어."

"액세서리랑 과자를 이렇게 많이 주는 친구가 어디 있어?"

"진짜라니까. 아는 선배가 줬어."

딸은 친구한테 받았다고 대답하면서 큰소리를 쳤습니다. 본인이 그렇게 주장하는데 차마 "너, 이것들 어디서 훔친 거 아니야?"라고 묻기는 난감했습니다. 아이가 말하는 게 사실일지 모른다는 생각도 들었습니다. 어떻게 해야 할지 몰라서 일단은 "이런 걸 다른 사람한테 막 주는 건 정상이 아니라고 생각하니까 너도 이제부터는 받지 않았으면 좋겠어. 앞으로는 줘도 절대 받지 마. 알았지?"라며 얼렁뚱땅 말을 흐리고 말았습니다.

그런데 다음 날. 퇴근을 하고 돌아오니 딸이 저에게 와 이렇게 말하는 것이었습니다.

"엄마, 미안해. 사실은 어제 그 물건들 훔친 거야. 잘못했어."

물건을 훔치다가 가게 점원에게 걸려서 학교로 연락이 갔는데 집으로 연락이 오기 전에 선수를 쳐서 자백한 것입니다. 일단 딸에게 훔친 물건을 전부 가져오라고 했습니다. 딸이 가져온 물건들을 보니 너무 놀라서 벌어진 입이 다물어지지 않았습니다.

자세히 이야기를 들어보니 30개 이상 되는 물건 중에 딸이 직접 훔친 물건은 두 개고 나머지는 모두 1년 위 선배가 나누어 준 것이라고 했습니다. 어젯밤, 선배에게 받았다고 했던 딸의 주장이 다 거짓말은 아니었던 겁니다. 받은 물건은 사정을 설명하고 학교에 일임한 뒤, 딸이 직접 훔친 물건 값을 지불하고 사과하기 위해 함께 가게로 갔습니다. 가게 주인 앞에서 부모가 사과하는 모습을 보이고 물론 딸에게도 빨리 용서를 빌라고 했습니다. 그리고 집에 와서 함께 마주 앉았습니다.

"네가 한 짓은 도둑질이야. 도둑질은 범죄인 거, 너도 알지? 절대 해서는 안 되는 일이고, 용서받을 수도 없는 일이야. 앞으로 두 번 다시 이런 일 하지 않겠다고 엄마하고 약속하자. 엄마는 널 믿어."

시무룩한 얼굴로 고개를 끄덕이는 딸, 갑자기 피곤이 밀려왔지만 일단 이것으로 일단락되었다고 생각했습니다. '어쩌다 보니 저지른 일이 이렇게 큰 파장을 불러일으키는구나'라고 본인도 깊이 깨달은 바가 있을 것이라 믿었습니다. 넘치는 에너지를 주체하지 못하고 남보다 조금 심하게 사춘기를 겪고 있는 거라고 대수롭지 않게 넘겼던 것이지요.

하지만 이것은 예고편에 지나지 않았습니다. 그로부터 얼마 지나지 않아 엄청난 사건이 저를 기다리고 있었습니다. 딸의 생활이 걷잡을 수 없을 만큼 나빠져만 간 것입니다. 당시 제가 쓴 일기만 보아도 그 일면을 알 수 있습니다.

- 금지된 휴대전화를 학교에 가져가 교내를 촬영해 블로그에 올림
- 같은 반 친구를 괴롭히고 블로그에 자기 실명과 사진, 주소까지 모두 공개함
- 새벽 4시에 몰래 나가 친구들과 공원에서 떠듦
- 학원을 자주 빠짐, 가도 엎드려 자거나 친구들과 놂
- 동아리 모임이 있다고 거짓말을 한 뒤 밤 9시까지 오락실에서 놂
- 밤늦게까지 남학생들과 공원에서 어슬렁거리다가 경찰에 발각되어 집으로 연락이 옴
- 선배에게 집 열쇠를 넘겨줌
- 급식 당번, 청소 당번 모두 무시
- '재수 없어' '저리 가' '이빨 까지 마' '확 뭉개버린다'와 같은 난폭한 말로 공갈과 협박을 일삼음
- 숙제를 하지 않음, 선생님을 무시하고 제멋대로 교실에서 나가기도 함, 수업 태도 불량

더는 어떻게 할 수 없을 정도로 불량 학생의 진수를 보여주고 있었습니다. 물론 이런 모습을 그냥 두고 볼 수만은 없었습니다.

달래고 혼내고 또 달래고, 어떻게든 딸아이의 마음속으로 들어가 정상적인 생활로 되돌리고 싶었습니다. 하지만 굳게 잠긴 마음의 문은 조금도 열릴 기미가 보이지 않았습니다. 결국 참다못한 남편은 "이렇게 살 거면 아예 이 집에서 나가!"라며 폭발하고 말았고 아이는 그 길로 집을 나갔습니다.

딸의 가출로 인한 불안과 공포

중학생의 가출. 세상 사람들은 살다 보면 그럴 수도 있다며 심각하게 생각하지 않을지도 모릅니다. 하지만 실제로 아직 열다섯 살밖에 안 된 딸이 집에 들어오지 않는 상황은 끔찍함 그 자체였습니다. 혹시 나쁜 사람들한테 붙들려간 건 아닐까 하는 불안과 공포……. 경험해보지 않은 사람은 절대로 그 마음을 모를 것입니다.

혼자 번화가를 어슬렁거리고 있을지도 모른다는 생각과 여기저기 친구 집을 전전하고 있을 거라는 생각 등이 머릿속을 가득 채웠습니다. 그러면서 어찌할 바를 모르고 있었습니다. 딸아이의 휴대전화는 계속 전원이 꺼져 있고, 여기저기 짐작 가는 곳에

전화를 걸어보았지만 아무도 전화를 받지 않았습니다. 9시가 지나고 10시가 지나서 초조함이 한계에 달할 무렵, 드디어 딸아이 친구 엄마로부터 전화가 걸려왔습니다.

"따님이 아까 저녁때부터 저희 집에 와 있어요. 이런저런 얘기를 들으면서 밖에서 같이 저녁도 먹었고요. 그런데 오늘은 집에 들어가고 싶지 않다고 하니 저희 집에 재울게요. 따님을 너무 잡으시는 거 아니에요?"

그 말을 듣자 기가 막혔습니다.

전화가 걸려온 시간은 밤 11시가 지나서였습니다. 이런 시간까지 자식이 연락도 없이 집에 안 들어오고 있는데 기다리는 부모 심정이 어떨지, 이 엄마는 상상도 못하는 걸까요? 아이가 부모와 말다툼 끝에 충동적으로 집을 나갈 수도 있습니다. 만약 우리 딸 친구가 그런 상황에서 우리 집에 왔다면 상황에 따라 하룻밤 정도 재워줄 수도 있겠지요. 하지만 그 전에 "일단 부모님께 연락은 드리자"라고 하는 게 어른이 할 당연한 행동 아닌가요? 아이가 아무리 부모 욕을 하며 씩씩거려도, 일면식도 없는 그 부모에게 전화를 걸어 이러쿵저러쿵 설교를 늘어놓는 게 제 상식으로는 도저히 이해가 되지 않았습니다.

딸이 친하게 지내던 친구들과 함께 저지른 일들을 보면서 '이런 행동이 어떻게 다른 집에서는 용납이 될까?' 하고 의아해한 적이 많았습니다. 사태가 이 지경에 이르자 저와 남편은 결코 만만하지 않은 현실을 실감했습니다. '주변 어른들이 다 어른답게 행동한다고 단정 지을 수는 없다.' '딸을 원래 모습으로 되돌릴 수 있는 사람은 우리 둘밖에 없다.' 등의 사실을 말입니다.

왜 아빠와 멀어졌을까?

우리 딸이 어쩌다 이 지경에 이르렀을까? 여러 가지 생각들이 머릿속을 어지럽혔지만 결국 두 가지 상황을 생각해볼 수 있었습니다.

첫째, 이른바 사춘기 아이들에게서 많이 나타나는 일반적인 반항을 생각했습니다. 우리 집의 경우엔 딸이 엄마인 저보다 아빠와 부딪히는 경우가 많았는데요. 어릴 적 딸은 그렇지 않았습니다. 아빠만 졸졸 따라다니는 애였지요. 지금은 대학에 다니느라 혼자 생활하고 있는 아들은 저한테 꼭 붙어서 떨어지지 않는 애였는데 반해, 딸은 잠을 잘 때든 산책을 나갈 때든 꼭 아빠만 찾았습니다. 아빠도 그런 딸을 아주 예뻐했습니다. 딸내미만 너무 편애하는 거 아니냐고 한마디 하고 싶을 만큼 극진했습니다. 딸아이는 누가 제 아빠 딸 아니랄까 봐 직선적이고 자기주장이 강한 성격까지 꼭 아빠를 빼닮았습니다.

이렇게 죽고 못 살던 두 부녀 사이는 딸아이가 사춘기에 접어들면서 틀어지기 시작했습니다. 그리고 남편은 딸아이의 마음에 들지 않는 부분에 대해 상당히 고압적인 태도를 취할 때가 많았습니다. 하지만 당시 저는 두 사람의 관계가 악화되고 있다는 것을 눈치채지 못했습니다. 언제나처럼 '딸은 아빠한테 맡기면 안심'이라고만 생각했으니까요. 아들이 독립을 하고 저도 본격적으로 일에 전념하면서 집을 비우는 시간이 많아졌습니다. 반면 남편은 자영업을 하기 때문에 상대적으로 집에 있는 시간이 많았지요. 남편은 그저 호기심에 화장을 하던 딸에게 "술집 여자같이 그게 뭐야!" 하고 소리를 지르기도 하고, 딸아이가 재미로 보던 다이어트 잡지를 집어던진 적도 있다고 했습니다. 하지만 저는 그런 작은 사건들이 끊임없이 벌어지고 있었다는 사실을 전혀 모르고 있었습니다.

이런 사소한 일들이 딸에게 얼마나 큰 상처를 주고 자존심을 다치게 했을까요? 10대 여자아이에게 패션과 연애가 얼마나 중요한 테마인지 남편은 잘 몰랐겠지요. 물론 남편도 딸에게 상처를 주려고 그런 게 아니라 걱정이 되어서 그랬을 테고요. 귀엽기만 하던 딸아이가 어느 날부턴가 아빠 눈에 별로 좋아 보이지 않는 일에 열중하다니……. 애 아빠는 화도 나고 걱정도 되어서 꾸중을 했는데 느닷없이 반항을 해오니 당황했을 것입니다. 그래서 더욱 완강하고 고압적인 태도를 취했을 거라고 생각합니다.

엄마인 제가 딸아이에게 좀 더 세심하게 신경을 써야 했습니다. 다이어트 잡지나 패션 잡지를 보는 딸이 한심하다는 생각이 들어도 적당히 말상대가 되어주었어야 했습니다. '아빠바보'였던 딸도 10대가 되면 엄마와 나누고 싶은 얘기, 하고 싶은 일, 의논하고 싶은 일들이 많이 생길 테니까요. 저는 딸에게서 너무 빨리 눈을 뗐습니다. 딸 키우는 것은 아들 키우는 것보다 쉽다고 가볍게 여긴 게 실수였습니다.

또 하나의 원인

또 다른 이유는 인터넷이었다고 생각합니다. 딸이 절도 사건을 일으켰을 때 하나부터 열까지 지시를 한 사람은 1년 위 선배였습니다. 학년도 다르고 동아리도 다르고 집 방향도 달라서 접

점이라고는 전혀 없는 두 사람이 알게 된 것은 인터넷 커뮤니티 사이트라고 했습니다.

평소 청소년이 인터넷에 자주 접속하는 것은 좋지 않다고 생각했기 때문에 딸이 2학년이 되어서 사주었던 휴대전화도 인터넷 기능은 막아놓았습니다. 집에도 컴퓨터는 거실에 한 대뿐이고요. 이상한 사이트를 보면 금방 알 수 있는 데다가 밤중에는 사용을 못 하니 별문제 없을 것이라고 생각했습니다.

하지만 커뮤니티 사이트는 그저 평범한 화면만 나올 뿐 그 안에서 어떤 대화가 오고 가는지, 어떤 사람들과 교류를 하는지 등은 자세히 보지 않으면 알 수가 없습니다. 사이트 운영자는 문제의 소지가 없도록 교묘하게 위장하고 있으니까요. 기본적으로 인터넷 커뮤니티 사이트라는 게 사람과 사람을 이어주는 매개체 역할을 하는 거라, 별로 바람직스럽지 않은 사람들과도 쉽게 접촉할 수 있다는 맹점이 있는 것 같습니다.

그때까지 저는 인터넷은 검색이나 온라인 쇼핑을 할 때만 쓰는 정도였기에 커뮤니티 사이트가 중고생들 사이에서 그렇게까지 유행하고 있는지 전혀 몰랐습니다. 같은 학교, 같은 지역, 같은 나이 등의 방식으로 검색을 해나가면 기하급수적으로 '친구'가 늘어가고, 아이들은 그중에 마음이 맞는 사람들과 따로 교류를 하게 된다는 걸 나중에야 알게 되었습니다. 제 딸은 에너지가 늘 넘쳐흐르지만 공부에는 별 홍미가 없는 데다 즐겁고 신나는 일들을 무척 좋아했습니다. 또한 그 나이 또래들답게 깊이 생각을 하기보다는 우선 저지르고 보는 성향도 강한 아이였습니다. 때문에 그런 분위기에 끌린 것도 무리는 아니라고 생각합니다. 부모의 간섭 없이 자유로워 보이는 아이들에게 끌려 재미를 느꼈을 테지요.

나에게 전화로 설교를 했던 그 엄마처럼 '아이들을 자유롭게 풀어주는' 부모도 존재할 것입니다. 밤늦게까지 공원에서 소란을 피우고 아침밥도 저녁밥도 편의점 도시락으로 때우는 아이들이 있는 것도 사실입니다. 중학생이면서 어른들의 한 달 생활비보다 많은 돈을 용돈으로 쓰는 아이들도 있겠지요. 제 딸은 그런 아이들이 얼마나 부러웠을까요? 귀가 시간이 6시 반은 너무 빠르다고 볼멘소리를 하기에 "그럼 도대체 몇 시면 되는데?" 하고 물으니 "9시나 10시"라고 대답한 적이 있습니다. 그걸 보통이라고 여기는 아이들도 있었나 봅니다. 그런 아이들을 인터넷에서 만나고 사귀면서 딸의 작고 어린 뇌는 자기 나름대로 '행복한 삶'을 모색했을 수도 있겠지요.

제자리로 돌려놓기

원인이야 어쨌든 간에 딸을 제자리에 돌려놓는 게 급선무였습니다. 딸은 불같이 저항했지만 일단은 휴대전화를 없애고, 거실 컴퓨터에도 강력한 필터링 기능을 깔아 커뮤니티 사이트에 접속하지 못하도록 했습니다. 그렇게 하는 과정에서 딸은 또 한번 가출을 해 집안을 발칵 뒤집어놓기도 했었지요. 그런 우여곡절 끝에 아이의 연락 수단으로 남은 것은 결국 집 전화밖에 없게됐습니다. 그런데 우리가 집을 비우면 아무 말 없이 끊는 전화가계속 걸려왔습니다. 발신 번호를 확인하는 기능을 달아 번호가확인되지 않는 전화는 전부 착신 거부를 했습니다. 다 모아보니수십 건에 달했습니다. "전화를 걸었으면 이름과 용건을 밝히는게 상식인데 그게 안 되는 사람의 전화는 받을 필요도 없어." 하고 딸에게 말했지만, 분명 부모가 원망스러웠겠지요.

남편은 일단 한발 물러서 있고 직접적인 대화는 제가 맡기로했습니다. 남편은 자식이 부모를 우습게 보는 게 말이 되냐고 언성을 높였지만, 저는 열에 여덟 정도는 부모가 양보할 수 있다고생각합니다. 부모로서 도저히 양보할 수 없는 나머지 둘은 끝까지 밀어붙여야 하겠지만, 우리 아이의 경우에는 어느 정도를 허용하지 않으면 점점 더 나락으로 빠질 것 같은 예감이 들었기 때문입니다.

똑같이 키웠는데 신기하게도 독립한 제 오빠와 동생인 딸의 성향은 극과 극이었습니다. 아들은 조용하고 내성적인 성격인데 반해 딸은 강하고 외향적인 성격입니다. 각자가 가지고 태어난 천성이 다른 것이지요. 어느 날 문득 필요로 하는 애정의 양도 두 아이가 각자 다르지 않을까 하는 생각이 들었습니다. 아들에게 주었던 양만큼의 애정으로는 딸의 마음을 채워주지 못하는 게 아닐까 하고 말입니다. 같은 사랑으로 키웠다고 해도 딸 입장에서는 그 애정이 터무니없이 부족했을지도 모릅니다. 딸은 '오빠보다 나를 더 많이 보고, 더 많이 사랑해주고, 더 많이 인정해 달란 말이에요'라며 더 큰 사랑을 갈구했던 게 아닐까요? 그렇게 생각하자 이 상황에서 그런 요구에 응해줄 수 있는 사람은 엄마인 나뿐인 것 같았습니다.

조금씩 생겨난 변화

딸애의 여름방학이 시작되면서 저는 회사에 사정을 설명한 뒤

유급휴가를 한꺼번에 받아 딸아이와 한 달 반 정도 함께 지냈습니다. 매일 아침 같이 숙제를 하고, 계속 참가하지 못했던 농구부 연습에도 억지로 보냈습니다. 둘이서 전국을 돌며 여행도 다녔습니다. 같이 쇼핑도 하고 영화도 보고 아빠 없이 둘이서 외식도 했지요.

솔직히 말하자면, 제 입장에서는 힘든 시간이었습니다. 열다섯 살 아이의 말과 행동은 너무 유치하고 미숙해서 여자들끼리만 나눌 수 있는 즐거움이나 기분 같은 게 전혀 없었으니까요. 돈도 많이 들었습니다. 여전히 안 좋은 친구들을 만났고, 불손한 행동과 말투도 여전했습니다. 그때마다 부드럽게 타일러야 할지 강하게 밀고나가야 할지 고민하고 갈등했습니다.

다행히 여름방학이 끝날 무렵쯤 되자 변화의 조짐이 살짝 보이기 시작했습니다. 숙제를 다한 게 꽤 기뻤는지 친구에게 전화를 해서는 "아직 안 끝냈어? 나는 벌써 다했는데." 하며 호기를 부리기도 했습니다. 농구 연습에도 매일 참가한 덕분에 자신감을 얻은 것 같았습니다. 체력을 길러야 한다며 저녁 식사 후에는 달리기를 하기도 했습니다. 밤에는 나갈 수 없다는 규칙을 정해 놓았기 때문에 저도 함께 자전거를 타고 달렸습니다. 그 덕분에 저까지 절로 다이어트가 됐습니다.

물론 이것으로 모든 게 끝난 것은 아닙니다. 2학기가 되어서도 저는 여전히 학교에 불려 다녔고 아이의 성적도 하위권을 맴돌았습니다. 다 집어던지고 싶다, 이제 포기하자고 마음먹은 적이 도대체 몇 번인지 헤아리기조차 힘들 정도입니다. 그나마 열다섯 살인 게 다행이었습니다. 아마 열여덟, 열아홉 살이었다면 벌써 포기했을지도 모릅니다. '네 마음대로 해!' 하고 눈을 감아버렸겠지요. 하지만 이제 중학교 2학년인 딸아이를 손 놓고 방치할 수는 없는 노릇이었습니다. 조금만 더, 조금만 더, 일단 중학교 졸업 때까지만 견디자 하며 난관을 극복해나갔습니다.

아이는 나와 다른 인간일 뿐이다

극적인 계기는 아무것도 없었습니다. 매일매일 화내고 울고 싸우면서 속이 썩을 만큼 썩은 사이에 딸이 아주 조금씩 변해갔습니다. "너한테 지금 가장 중요한 게 뭐냐? 머리 좀 식히고 생각이란 걸 좀 해봐!" 하면서 따갑게 질책하고 따뜻하게 감싸주기도 하셨던 농구부 선생님의 지도도 딸아이를 변화시키는 데 많은 도움이 되었습니다. 1학년 때는 거의 매일 집에 와서 같이 학교를 다니다가 2학년이 되면서 전혀 얼굴을 내비치지 않던 친구들도 겨울이 되면서 다시 집에 놀러오기 시작했습니다.

제 마음에도 조금씩 변화가 일기 시작했습니다. 딸이 어떻게 하면 마음을 잡을 수 있을까 하는 생각 끝에 제한을 느슨하게 할 것, 함께 지내는 시간을 늘릴 것, 딸의 의견을 무조건 부정하지 말 것 등의 테크닉도 익히게 되었습니다. 딸아이와 전쟁을 벌이면서 확실하게 깨달은 사실은 딸과 나는 다른 인간이라는 것입니다.

당연한 말인데도 부모인 저는 '이렇게 해주길, 저렇게 해주길' 바라며 자식에게 끊임없이 요구했던 것 같습니다. 궤도 수정에 성공하면 내가 바라는 훌륭한 딸이 되어줄 거라는 기대가 무의식 중에 있었습니다. 하지만 딸이 나와 같은 생각을 하는 것도, 같은 감정을 갖는 것도 아닙니다. 흥미의 대상, 특기, 좋아하는 것, 싫어하는 것이 모두 다릅니다. 그 사실을 부정해서는 안 됩니다. 부모가 생각하는 틀에 맞추려고 해서는 안 됩니다. 저는 그것을 지독한 전쟁을 치르면서 비로소 알게 되었습니다. 딸의 인생은 딸의 것이라는 사실을 진심으로 이해하게 되자 제 마음이 거짓말처럼 가벼워졌습니다. 필시 딸아이를 대하는 저의 태도에도 변화가 있었겠지요.

어느 날, 딸이 이렇게 말했습니다.

"이번 합창 대회에 반주자로 나갈 거야. 들으러 올 거지?"

합창 대회 날, 딸아이가 열심히 반주하는 모습을 보니 주체하기 힘들 정도로 눈물이 쏟아졌습니다. 그날 딸은 최우수 반주자 상을 받아 들고 득의양양하게 집으로 돌아왔습니다.

딸에게 보내는 편지

사랑하는 딸에게

너는 오늘이 즐거우면 되지 뭐가 문제냐고 했지? "미래, 미래라고 말하지만 따지고 보면 오늘도 어제의 미래잖아. 그럼 매일매일 즐겁게 지내면 내일도 모레도 즐거운 미래인 거 아냐?" 하면서 말이야. 역시 우리 딸 머리는 보통이 아니야.

그럼 좀 더 긴 시간에 대해 생각해보자. 네가 태어나고 자란 집이 아빠가 매일 폭력을 휘둘러서 엄마가 벌벌 떠는 가정이었다면 너는 지금 어떤 성격, 어떤 가치관, 어떤 사고방식을 가지고 있을까? 키랑 몸무게가 지금과 1센티미터도, 1그램도 다르지 않고 똑같을까?

형제자매가 다섯 명이나 되는 집에서 장녀로 태어났다면 어땠을까? 부잣집에서 태어났다면 어땠을까? 좋고 나쁜 것을 따지는 게 아니야. 지금과는 전혀 다른 집에서 태어나고 자랐다면 아마 지금의 네 모습과는 전혀 다른 모습으로 살고 있을 거란 말을 하고 싶은 거야. 사람은 누구나 주변 사람들 혹은 환경의 영향을 받으면서 자라고 성장하거든.

그렇다면 앞으로 1년, 3년, 5년간 어떻게 지내는지에 따라 너의 미래가 달라질지도 모른다는 생각이 들지 않니? 매일 PC방을 전전하고 휴대전화로 게임만 한 사람과 원하는 것을 알아가기 위해 열심히 공부에 매진한 사람의 5년 후는 완전히 다를 것처럼 말이지.

조금 다른 방향에서 얘기해볼게.

엄마는 마음껏 배울 수 있는 환경이 주어졌다는 것만으로도 엄청 행복한 거라 생각한단다. 의무교육이라고 해서 너에게 교육을 받을 의무가 있는 건 아냐. 의무를 지는 사람은 엄마와 아빠지, 네가 아니거든. 부모에게는 자식이 살아가는 데 필요한 최소한의 교육을 시켜줘야 할 의무가 있어. 그러니까 너에게 공부는 의무가 아니라 권리인 셈이지.

대여섯 살 때부터 어른들에게 학대당하면서 일을 하는 아이들을 한번 생각해보렴. 교육을 받지 못한 탓에 자기네가 놓인 상황에 대해 의문조차 품지 못하고, 아무런 반항도 하지 못하잖니. 그렇게 남은 인생을 다 소진할 수밖에 없는 불쌍한 아이들이 이 세상에 얼마나 많은지 아니? 우리나라도 몇십 년 전까지 그런 나라였어. 경제가 발전하고 생활도 나아지고 제도가 바뀌면서 아이들, 특히 그중에서 여자아이들이 당당하게 학교에 다닐 수 있는 권리를 갖게 된 거지.

이렇게 얻은 권리를 스스로 포기하는 사람을 말릴 수는 없겠지. 하지만 공부를 안 하면서 그 앞에 놓인 길이 편하고 즐거울 거라고 생각하는 건 큰 착각이야. 어려서 힘들게 공부를 한 사람보다 훨씬 힘들고 괴로운 길이 몇십 년씩이나 기다리고 있거든. 어느 정도 나이를 먹으면 그 사실을 경험적으로 알게 되기 때문에 사랑하는 자식에게 '공부해라, 공부해라!' 하고 잔소리를 하게 되는 거지. 제대로 설명을 못해서 '그게 무슨 말이야!' 하는 반발을 사도 계속 말하고 또 말하는 거란다.

프랑스의 철학자 파스칼은 '인간은 생각하는 갈대'라고 했어. 갈대는 얇고 하늘거리는 식물이야. 코끼리나 사자, 코뿔소에 비하면 인간은 갈대처럼 정말 연약한 존재지. 하지만 인간에게는 생각할 수 있다는 무기가 있어. 왜 공부를 해야 하는지, 왜 학교에 가야 하는지, 왜 매일 놀기만 해서는 안 되는지, 왜 엄마가 화를 내는지, 왜 자기 스스로 화가 나서 씩씩거리는지 등등. 공부는 그런 '왜?'라는 의문에 대답할 수 있는 자료를 제공해주는 거야. 국어, 수학, 과학, 사회, 영어 모두 "그건 이러이러한 데 도움이 될 거야"라고 확실히 대답해줄 수는 없어. 눈이 오나 비가 오나, 8년을 계속 학교에 다니며 공부를 해온 지금의 너는 유치원 때와는 비교도 할 수 없을 정도로 복잡한 것들을 생각하고 이해할 수 있게 되었잖니. 그게 너에게 의미 있는 일이 아닐까?

휴대전화를 사 주지 않고 인터넷을 못하게 하는 건 널 믿지 못해서가 아니란다. 설명하기는 쉽지 않은데 말이야, 어쨌든 엄마는 한 사람의 인간으로서 내 딸인 너를 신뢰한단다. 하지만 너는 아직 스무 살도, 스물다섯 살도, 서른 살도 아니야. 아직 혼자서 이 세상을 살아갈 수는 없는 나이지. 누군가에게 의지하지 않고도 혼자서 살아갈 수 있는 힘을 길러주는 것, 엄마는 그것이 부모가 해야 하는 가장 중요한 일이라고 생각해. 그때까지 엄마는 너를 지켜주고 싶단다.

너는 이런 엄마가 부담스럽고, 왜 나를 못 믿느냐며 불만스럽게 생각할지도 모르겠구나. 그래도 아직은 살아가는 데 불필요한 유혹이나 좋지 않은 사람들 사이에 너를 무방비 상태로 놔둘

수가 없어. 지난 1년 동안 여러 가지 일을 겪으면서 더욱 절실히 그렇게 해야겠다고 느꼈어.

이제는 휴대전화를 사줘도 되겠지, 이제는 용돈을 좀 더 올려 줘도 되겠지, 이제는 하룻밤 정도 친구 집에서 자게 해도 되겠지……. 네가 커가는 과정에서 수많은 '이제'가 올 거라 생각해. 언젠가 네 혼자 힘으로 걸을 수 있는 날도 오겠지. 하지만 '이제 이 아이한테서 손을 떼도 혼자 어떻게든 살아갈 수 있겠구나.' 하는 생각이 드는 그날까지 엄마는 온 힘을 다해 너를 지킬 작정이야. 이제 남은 중학교의 마지막 1년, 행복하고 보람찬 시간이 되도록 진심으로 응원하고 기원할게.

우리 딸, 사랑해!

엄마가

네 번째
이야기

사춘기는 홀로서기
위한 과정일 뿐

부모 자식 관계는
끊임없이 변한다

야마다 마사히로

달라진 가족 관계

  심리학적 관점에서 반항이라는 것은 부모가 자식이 하는 일을
조종하고 싶어 하고 자식은 그런 부모로부터 도망치고 싶어 하는
것을 말합니다. 이에 반해 사회학적 관점에서 반항은 부모와 다
른 사고방식과 가치관을 가진 자식이 '부모가 살고 있는 삶의 방
식이 마음에 들지 않아 거부하는 심리'를 말합니다. 그러나 현대
사회에서는 옛날과 달리 부모와 자식의 가치관에 비슷한 부분이
많아 사회학적 관점의 반항은 점차 줄어들고 있는 추세입니다.

부모 세대가 어릴 적에 자주 접할 수 있었던, 보수적이고 완고하며 아내를 괴롭히는 남편의 모습은 요즘 들어 찾아보기 어려워졌습니다. 아주 없지는 않겠지만 확연히 줄어든 것은 사실입니다. 우리 나이 또래 사람들 중에서는 부모의 그런 모습이 정말로 싫었다고 진저리를 치는 사람들이 많이 있습니다만 요새 세대 아빠들은 다릅니다. 아이를 끔찍하게 위하고 친구처럼 편하게 대하니까요. 옛날에는 여자가 무슨 대학에 가느냐며 한마디로 "안 돼!"라고 고집 피우는 아빠들도 꽤 많았습니다. 여성을 낮춰 보는 가치관을 가진 남자들이 많았다는 얘기입니다. 하지만 이제 세상이 달라지고 아빠들의 사고 수준도 높아지면서 "대학은 가도 좋고 안 가도 괜찮아. 선택의 문제니까." 하는 유연한 사고를 가진 사람도 많아졌습니다.

이렇게 자유로운 사고방식을 가진 부모에게는 아이들도 굳이 반항할 이유가 없게 됩니다. 이런 사회적 변화 덕분에 가치관의 문제로 "우리 부모는 안 돼"라는 판단을 내린 뒤 사사건건 부딪히는 '사회학적 반항기'를 겪는 사람이 그다지 많지 않다고 볼 수 있습니다.

"아직 일러!"와 "하고 싶어!"

부모가 직면하는 아이의 반항은 사고나 가치관과 관련된 것보다 행동의 제약과 관련해서 생기는 게 훨씬 많을 것입니다. 부모는 자식이 하는 일에 대해 "아직 일러!"라고 하고, 자식은 "하고 싶어!"라고 맞섭니다. 이런 상황은 일상다반사로 벌어지는 일이라, 특별히 반항이라 보기는 어렵습니다. 물론 부모가 '자식은 부모 말에 전적으로 따라야 한다'는 가치관을 가졌다면 엄청난 반항으로 보일지도 모르겠지만, 엄밀히 말해 이런 자기주장은 반항이라 볼 수 없습니다. 요즘 아이들의 반항은 이런 행동 규제에서 오는 반발심이 크기 때문에 부모도 주변 상황을 보면서 아이와 협상을 벌여 타협점을 찾아내는 기술을 익혀야 할 것입니다. 우리 세대가 사춘기를 겪을 무렵에는 이런 분위기가 아니었기 때문에 그 기술을 익히는 게 그리 쉽지만은 않겠지만 말입니다.

미국의 성장 드라마처럼

지금 부모가 된 사람들의 사춘기 시절, 그들의 엄마들은 아들

과 관련된 일들에 대해서는 주로 모르쇠로 일관하거나 무조건
안 된다고 단호히 자르는 게 일반적이었습니다. 딸들에 대해서
는 "이 시간에 밖에 못 나가는 게 당연하지, 대체 뭔 소리를 하는
거야!" 하는 식으로 단칼에 잘라버리곤 했고요. 부모 말을 듣지
않고 반항하면서 부모의 손아귀에서 벗어나려고 하는 아이들은
진짜로 불량 학생 취급을 받던 시대가 있었습니다.

　지금 40대, 50대인 부모라면 1990년에서 2000년까지 방영되었
던 〈비버리힐즈의 아이들〉이라는 미국의 청춘 드라마를 보라고
권하고 싶습니다. 시즌 10까지 나오면서 일본과 한국에서도 90
년대 중반쯤 큰 인기를 끈 드라마입니다. 지금은 종영된 드라마
이니 인터넷에서 검색을 해보는 것도 나쁘지 않을 것 같습니다.
시간이 꽤 흘렀기 때문에 현재로서는 촌스럽다 할 만한 장면들
이 자주 등장할 것입니다. 하지만 부모와 자식이 타협하는 부분
에서는 지금의 현실과도 비슷한 상황들이 많이 연출됩니다. 예
를 들어 "이거 다하면 드라이브 가도 되요?" 하고 묻는 장면은 미
국형 부모 자식 관계에서 '규칙을 정하고 교섭하여 거래한다'는
기본 전제를 잘 보여주는 장면이라고 생각합니다. 이건 허락하
지만 저건 허락할 수 없다는 식으로 규칙을 정하는 거지요. '오늘
은 몇 시까지 허락하지만, 다음 주에는 집에서 공부를 해야 한다'

든가 '남자 친구와 밖에서 데이트하는 건 좋은데 이따 집으로 데리고 와라'든가 하는 식으로 말이지요.

부모의 주장만을 관철시키는 것도, 자식의 주장만을 관철시키는 것도 아닙니다. 부모와 자식이 서로 교섭하며 의견을 조율하는 겁니다. 자기 부모와 그런 식의 관계를 맺지 못하고 자란 사람이라면 이 드라마를 통해 도움을 받을 수 있으리라 생각합니다. 아이와 관계 맺는 방법을 몰라 고민하고 있다면 꼭 한번 보기를 추천합니다. 폭력을 휘두른다거나 하는 심각한 상황이 아니라 그저 단순한 반항기를 겪는 수준이라면 미국식 부모 자식 관계를 흉내 내고 배우는 것도 나쁘지 않습니다.

때로는 현명한
협상이 필요하다

반항기가 사라져가고 있다

반항기가 점점 없어지는 사회학적 이유 중 하나가 젊은 사람들이 부모와 함께 살면서 누릴 수 있는 혜택이 너무 많다는 것입니다. 가난했던 시절에는 10대 후반이 되면 몸도 머리도 큰 채부모와 함께 있어봐야 득 볼 것이 별로 없었기 때문에, 부모와 같이 살기 싫어서 독립하는 경우가 종종 있었습니다. 자꾸 간섭하면 나가 살겠다고 부모를 협박하기도 했지요. 하지만 지금은 다릅니다. 지금의 풍요로운 생활을 버리고 혼자서 바둥거리고 살기보다는 부모와 함께 살면서 최대한 풍요로움을 누리는 쪽을 택하는 사람들이 많습니다. 그래서 사회적인 이유의 반항기가 점차 사라지는 경향이 있는 것이지요.

학생들에게 "여름방학에 뭐했니?"라고 물으면 남학생 여학생 가릴 것 없이 "부모님이랑 유럽 여행 다녀왔어요." "엄마랑 홍콩 다녀왔어요"라고 대답하는 학생들이 많습니다. 그런 말을 들으면 정말로 반항기답지 않다는 생각이 들곤 합니다.

인정할 건 인정해야

제 딸은 올해 대학생이 되었습니다. 고등학교에 올라가면서부터 아빠인 저를 외면하더니 말수도 점점 줄어들었습니다. 지금은 딸이 저에게 먼저 말을 거는 경우가 극히 드문 그런 상황입니다. 문자 메시지를 보내도 성의라고는 눈곱만큼도 느껴지지 않는 단답형 대답만 돌아와 서운하기도 합니다. 하지만 정상적으로 자라고 있다는 증거라 생각하고 그러려니 합니다. 여자아이가 아빠를 외면하는 것은 성적인 차이를 의식하는 성장 과정에서 나타나는 자연스러운 현상이니 포기하는 수밖에 없습니다.

남자아이가 엄마를 대하는 태도도 비슷한 맥락입니다. 사춘기 남자아이와 엄마가 지나치게 사이좋아도 이상해 보일 겁니다. 아이가 좀 쌀쌀맞아도 자립의 첫걸음이라 생각하고 인정하며 받아들이십시오. 삐걱거리는 것이 지극히 자연스런 현상이니까요.

'아들밖에는 삶의 보람이 없다'며 자신이 모든 걸 건 엄마들은 반항기 아들에게 잘 적응하지 못합니다. 만약 본인에게도 그런 경향이 있다는 걸 깨달았다면 다른 취미 활동이나 일에 몰두해 볼 것을 권합니다. 최근에는 아이돌 연예인에게 푹 빠져 사는 엄마들의 얘기를 자주 듣습니다. 그것도 나쁘지 않습니다. 이런 면에서는 어쩜 밖에서 일을 하는 엄마들이 다행일지도 모르겠습니다. 자식 말고도 몰두할 수 있는 다른 뭔가를 굳이 찾지 않아도 이미 있다는 것이니까요. 어떤 학자는 딸을 가진 아빠에게 '딸이 냉랭하게 대해도 계속 문자 메시지와 메일을 보내라'고 권하기도 합니다. 부모는 적당히 관심을 표명하는 게 좋다는 말이겠지요.

정말로 피곤한 요즘 아이들

요즘엔 '피곤해'라는 말을 입에 달고 사는 10대 청소년들이 많습니다. 부모가 뭘 물으면 "아, 피곤하다고." 하며 말을 자르는데요, 이것은 그저 반항기라서 그런 게 아닙니다. 쏟아지는 정보와 다양한 인간관계 속에 사는 요즘 아이들은 정말로 피곤할 법도 합니다. 문자 메시지를 주고받다 보면 언제 어디서 누구누구와 나눈 대화들이 그대로 남습니다. 그게 나중에 혹시 문제가 되지는 않을까 전전긍긍하면서 인간관계를 맺고 유지하는 것도 힘들어졌습니다. 특히나 모든 면에서 상대적으로 예민한 편인 여자아이들은 더 피곤해합니다. 츠쿠바대학의 도이 교수가 한 연구에 따르면 이런 성향은 대학생들에게도 나타난다고 합니다. 선생님 앞에서는 최대한 모범적인 성격으로, A그룹 친구들과 만날 때는 얌전한 성격으로, B그룹 친구들을 만날 때는 장난기 많고 까불까불한 성격으로, 각 만남의 특성에 맞춰 가면을 쓰고 행동하는 아이들이 많았다는 것이지요. 물론 어쩔 수 없는 경우도 있겠지만, 인터넷이 광범위하게 보급된 현대사회에서는 한 사람에게 많은 캐릭터가 요구됩니다. 옛날에는 그런 식으로 가면을 쓴 채 자기를 연출하면 좋지 않은 시선으로 보았지만 지금은 그렇지도 않습니다. 진정한 자기 모습 따위는 '있어도 그만, 없어도 그만'이라는 식으로 크게 신경을 쓰지 않는 분위기입니다. 하지만 본인의 진정한 모습이 없으니 피곤한 게 당연합니다.

지나치게 사이가 좋아 보이는 부모와 자식을 보면 저 아이가 부모 앞에서 그에 맞는 캐릭터를 연출하고 있는 게 아닐까 하는 의문이 들 때도 있습니다. 억지스러운 착한 연출보다는 차라리 일관되게 툴툴거리는 게 훨씬 낫습니다. 반항기 아이들은 어느 정도는 부모에게 반항하는 게 자연스러우니까요. 그러면서 진짜 자기 모습을 보여주는 게 정신 건강에도 더 좋을 테고요.

부모 자식 간에도 중요한 협상의 기술

요즘은 대학을 졸업해도 취직하기가 힘들고, 취직을 해도 버티는 게 쉽지 않은 때입니다. 하지만 앞에서도 말했듯이 미국인들처럼 부모와 자식이 '하겠다'와 '아직 안 된다'를 잘 조율해나가면서 반항기를 보낸다면 성인이 되어서도 별문제 없이 사회생활을 해나가리라 생각합니다. 집안에서부터 협상하는 기술을 잘 터득해두면 취직은 물론 다른 사회 활동에도 매우 유리할 것입니다. 자식이 하는 말에 무조건 오냐오냐하는 부모나 무턱대고 안 된다고만 하는 부모는 둘 다 아이의 성장을 방해하는 부모입니다. 적당히 밀고 당기면서 아이에게 자연스럽게 처세술을 가르쳐야 합니다.

아이와의 협상은 부모에게도 쉬운 일이 아닙니다. '내 생각은 정말로 어떤가?' '어디까지 허락해야 하나?' 하는 것들을 하나하나 곰곰이 생각해야 하기 때문입니다. 하지만 그런 과정을 귀찮아하지 말고 나에게도 '내 가치관'을 돌아볼 수 있는 절호의 기회라 생각해야 합니다. 그리고 긍정적이면서도 적극적인 태도를 취해야 합니다. 아이에게 협상 기술을 가르치고 있다고 편하게 마음먹는 것이 중요합니다. 흔히들 말하는 밀고 당기기, 즉 '밀당'을 아이와 한다고 생각하면 좋을 것 같네요. 그럼 이제 반항기를 겁낼 필요, 전혀 없지 않나요?

야마다 마사히로 사회학적 관점에서 아이들의 반항이 왜 필요한지에 대해 알려준 야마다 마사히로 선생님은 주오대학교 문학부 교수입니다. 1957년에 도쿄에서 태어난 선생님은 도쿄대학교 문학부를 졸업한 뒤 같은 학교 대학원 사회학 연구과에서 박사과정을 수료했습니다. 전문 분야는 가족사회학으로, 애정이나 돈이 부모 자식 간이나 부부 또는 연인 같은 인간관계에 어떤 영향을 미치는지 등을 사회학적 관점에서 분석 및 연구하고 있습니다.

성교육,
무심코 지나치기에는
너무 중요하다

·첫 번째·

사회의 변화부터
인정하자

사오토메 토모코

현실을 바로 보기

일본에서 출산을 경험한 10대의 80퍼센트, 20대 초반의 60퍼센트가 혼전 임신이라는 사실을 아시나요? 우리 때는 기껏해야 10대 임산부의 50퍼센트, 20대 임산부의 20퍼센트 정도가 미혼이었습니다. 이는 한국이라고 해서 크게 다르지는 않을 것입니다.

실제로 외래 환자들을 살펴보면 평범하게 20대에 결혼을 하고 결혼한 지 2~3년 뒤에 임신을 하는 경우가 매우 적습니다. 설마 하며 놀라시겠지만 현장에서 일하는 저는 오히려 그런 분들을 보면 "혹시 전에 중절 수술한 적 없나요?"라고 물을 정도입니다.

저와 비슷한 세대 사람들이나 저희 부모 세대들은 이런 얘기를 자신의 부모에게 들은 적도 없을 것이고, 결혼하기 전까지는 손도 잡아서는 안 된다고 교육을 받으며 자랐습니다. 그러니 혼전 임신은 상상도 할 수 없는 일이지요. 하지만 근래 30년 동안 이런 가치관은 엄청나게 달라졌습니다. 격세지감이라는 단어가 절로 떠오를 정돕니다.

결혼 전에 관계를 갖네 마네 하며 운운하는 것 자체가 젊은 사람들에게는 아무런 의미 없는 일입니다. 물론 개중에는 여전히 그런 교육을 받으면서 자란 사람도 있겠지만 그야말로 화석만큼 흔치 않습니다. 지금은 시대가 달라졌습니다. 옛날에 내가 부모에게 받고 자란 교육과 지금의 아이들을 똑같이 가르치는 것은 휴대전화를 압수하고 연락할 일이 있으면 편지나 집 전화로만 하라는 것과 같습니다. 그런 방식으로 내 아이를 키운다면, 과연 그 아이가 현대사회에 적응할 수 있을까요?

그런 방식을 강요한다면 아이의 삶이 힘들어집니다. 시대착오적인 발상을 하는 부모 탓에 괴로운 시간을 보내게 되는 것이지요. 시대를 따라가지 못하는 쪽은 부모이지 아이들이 아닙니다. 정보와 편의시설이 넘치는 현대사회에서 화석 유물과 같은 방식을 고수하는 것 자체가 큰 착각이고 잘못입니다.

내 아이를 지키는 방법

아무리 세상의 추세가 그렇다고 해도, 내 아이가 이성 친구와 신체적 관계를 맺는 것이 싫을 수도 있습니다. 그렇다면 부모의 그런 의견을 아이에게 구체적이고도 솔직하게 전달하는 것이 중요합니다. 아이의 이성 친구를 인정하고, 그 아이가 내 마음에 들기도 하지만, 성관계를 맺는 것은 아직 꺼려진다고 말이지요. 하지만 둘이 너무 좋아해서 도저히 그걸 막을 방도가 없다고 생각한다면 안전한 성관계를 맺을 수 있도록 지도하는 것이 현명한 부모입니다. "여기 콘돔을 줄 테니까 이걸 꼭 사용하도록 해"라고 말이지요.

의도하지 않은 성교육의 예

의도한 것은 아니었지만, 저는 아이가 어렸을 적부터 자연스럽게 성교육을 시켜왔습니다. 직업상 경구피임약과 관련된 일을 처리한 적이 있는데, 당시 관련 자료들을 집에 가지고 와서 일을 하곤 했습니다.

그때 원고를 쓰는 제 옆에 달라붙어서 일에 대한 것을 이것저 것 물을 때마다 피임이 어쩌고, 콘돔이 어쩌고 하면서 아이가 질 려할 정도로 알려주었습니다. 한번은 초등학교 6학년 아이 입에 서는 어떤 대답이 나올지 궁금해 "원조 교제라는 거 말이야, 그 것 해도 괜찮은 거 아냐?"라고 넌지시 물어본 적이 있습니다. 아 이는 제 말에 펄쩍 뛰며 "엄만 지금 무슨 소리 하는 거야? 당연히 안 되지!"라며 저를 호되게 나무랐습니다. 왜 안 되는지도 물어 봤었는데, 그것에 대한 정확한 대답은 기억이 잘 나지 않습니다. 다만 제 아이가 '원조 교제 따위는 절대 안 돼!'라는 확고한 생각 을 가지고 있다는 것은 확실히 알게 되었습니다. 아직 반항기도, 성인도 아니었지만 '자기 몸을 소중히 다루어야 한다'라든가 '내 몸이 소중한 만큼 다른 사람의 몸도 소중하다'는 사실 등은 마음 속 깊이 자리 잡고 있었다고 생각합니다.

· 두 번째 ·

성교육 앞에 서면
작아지는 아빠들

성교육에는 영 소질 없는 아빠

아들한테는 아빠가 성교육을 시켜주었으면 좋겠는데 한마디
도 해주지 않는다는 엄마들의 볼멘소리를 자주 듣습니다. 보통
의 남성들은 아이를 성교육시키는 일에 별로 소질이 없습니다.
성에 관한 이야기를 나눌 때면 '내 경험을 털어놔야 하는 거 아
닌가?' 하는 생각에 쑥스러워하고 어색해합니다. 일반론인 것처
럼, 이웃 사람 얘기인 것처럼, 회사에서 들은 얘기인 것처럼 적당
히 만들어서 얘기하면 될 것을 그렇게 하지 못하는 사람들이 대

부분입니다.

그래서 보호자들을 상대로 강연을 할 때면 부모가 성인군자가 될 필요는 없다고 강조합니다. "아빠는 야한 아빠지만 너희는 안 돼"라고 한다거나 "넌 내 아들이니까, 날 닮아서 엄청 밝히는 거 아냐? 그렇다 해도 어쩔 수 없지. 하하하!" 하고 아빠가 나서서 장난스럽게 농담처럼 말해도 괜찮다고 알려줍니다. 그럼에도 불구하고 솔직하게 말하지 못하고 모르는 척 점잔을 떠는 사람이 바로 아빠입니다. 그러니 언제까지나 가르칠 수도, 가르침을 받을 수도 없는 거지요.

책을 이용하기

아빠가 직접 얘기하는 게 힘들다면 책을 통해 하고 싶은 말을 전하는 방법도 있습니다.

서점에 가면 성과 관련된 책들이 많이 있습니다. 아이와 서점에 함께 간 다음 그곳에서 아이에게 알려주고 싶은 내용이 담긴 책을 찾아 자연스럽게 건네주는 것도 하나의 방법입니다. 책을 슬쩍 보여주면서 아무렇지 않은 척 "책꽂이에 꽂아둘게"라고 한 뒤, 집에 와서 그 책을 책장에 꽂아두는 것이지요. 이렇게 해서 아이가 그걸 읽었는지 안 읽었는지 부모가 모르고 넘어갈 수 있는 분위기를 조성하는 겁니다. 아니면 아이 손이 닿을 수 있는 곳에 살짝 놓아두어도 괜찮습니다. 진지하게 "자, 이 책 읽어봐." 하고 건네면 아이가 부담스러워할 수 있으니까요.

아이가 "그거 뭐였더라?" 하고 갑자기 궁금할 때 필요한 부분을 찾아 읽고 싫증이 나면 덮으면 됩니다. 성에 관한 얘기들이 매번 재미있는 것은 아닙니다. 별 감흥이 일지 않거나 추해 보일 때도 있는 법이거든요.

순수한 아이들이 볼 때 성이란 것은 흥미 있는 부분이 있는가 하면 어른들의 엉큼하고 지저분한 실태를 보는 것 같아 별로 내키지 않는 부분도 있습니다. "나는 그런 지저분한 사람은 되지 않을 거야!"라고 생각하는 아이의 마음도 존중해주어야 합니다.

읽고 싶을 때 읽고, 궁금할 때 물어볼 수 있는 분위기를 조성하는 게 중요합니다. 사춘기 아이들을 상대로 얼굴을 마주 보고 진지하게 성에 관한 이야기를 나누기는 어렵습니다. 기본적으로 '궁금하다고 물어보면 가르쳐준다'라는 식의 마음을 갖되, 아이들이 물어볼 때 어색해하거나 움츠러들어서는 안 됩니다. 그러면 아이는 두 번 다시 묻지 않을 테니까요.

남자아이에게는 이렇게

제가 가끔 남학교에서 강연을 할 때 "자기 고추는 자기가 지켜야 해요"라고 말해줍니다. 결국 핵심은 그거니까요.

아무리 예쁜 여자아이라도, 아무리 인기가 많은 여자아이라도, 그 아이들이 성인 남자들과 성관계를 맺었을 수도 있다는 것을 인지시킵니다. 그리고 그런 상대와 관계를 맺으면 나에게도 좋지 못한 영향을 미칠 수도 있다고 알려줍니다. 비겁한 생각일 수도 있습니다만, '상대 여자아이를 임신시켜서는 안 된다'라는 것만으로는 부족합니다. 너의 장래에 좋지 않은 영향을 미칠 수도 있고, 상급 학교 진학에 타격을 줄 수도 있다는 것 등을 구체적으로 알려주어야 합니다.

또 아무리 상대 여자아이가 괜찮다고 해도 반드시 콘돔을 사용하라고 강조합니다. 저는 결국 그게 가장 중요하다고 생각합니다. '가능하면 관계를 맺지 마라.' '아무하고나 관계를 맺으면 안 된다.' '콘돔이 불량일 수도 있으니 100퍼센트 안심하지는 말아라.' 등 결국 어른이 해줄 수 있는 조언은 이런 것뿐입니다. "만약 정말로 내가 찾던 상대라는 생각이 든다면, 내 아이를 낳고 길러줄 사람은 이 여자뿐이라는 생각이 든다면 콘돔은 안 써도 돼.

다만 그런 상대를 만나기 전까지는 꼭 콘돔을 사용하도록 해"라고 말해주는 게 가장 효과가 좋습니다.

강연을 마치고 나서 아이들이 써낸 감상문을 보면 '아무하고나 쉽게 자면 안 되겠다는 생각을 했습니다.' '여자 친구를 소중히 대해야겠다고 생각했습니다.' 같은 글들이 많습니다. 직접적으로 그렇게 가르친 적은 없지만 제가 말하고자 했던 의도와 핵심이 제대로 전달된 것이지요. 어른들의 눈에는 아이들이 어설프고, 성에 관해서는 지나치게 관심이 많으며, 행동을 제어하는 의지는 약해 보이기 때문에 예민하게 반응하는 경우가 많습니다. 하지만 아이들은 어른인 우리가 생각하는 것보다 훨씬 더 자기들 인생에 대해 진지하게 고민합니다. 진지하지만 아직은 미숙하기 때문에 문제를 일으키는 것이지요. 아이들 관점에서는 충분히 있을 수 있는 일이 어른들 눈에는 문제 행동으로 보이기도 하니까요.

아직 미숙하기 때문에 콘돔이 있고 없고, 성에 관한 지식이 있고 없고가 큰 차이로 나타납니다. 부모는 이와 관련된 지식들을 자녀에게 전수해주어야 할 의무가 있습니다. 그런데도 이와는 반대로 많은 부모가 성에 대한 것이라면 감추고 멀리하면서 자녀에게 정확한 정보를 제공하지 못하는 게 문제입니다. 부모의 이런 자세는 벼랑 끝에 서 있는 아이를 보고 벼랑을 깎아버리는 것과 같습니다. 부모라면 콘크리트로 벼랑 주변을 메우고 보강해줄 책임이 있는데도 말입니다.

'아이 책상 서랍에서 콘돔이 나왔어요. 이 일을 어떻게 하면 좋을까요?'라는 고민 상담을 받으면 저는 '몇 개 더 넣어두세요'라고 조언해줍니다. 엄마가 몰래 보태서 넣어둔 걸 보면 아이는 기절초풍하겠지요? '으악, 걸렸다!' 하고 난감해하겠지만, 더 신중하게 행동할 것은 분명합니다. 그런데 그걸 엄마가 몰래 갖다버리면 어떻게 될까요? 아들이 피 같은 용돈으로 산 콘돔을 엄마가 몰래 갖다버리는 행위는 아들을 위험 끝으로 내모는 일입니다. 부모에게 아이는 '지켜주어야 하는 존재'라는 사실을 명심하십시오.

마치 타인인 것처럼

아무리 그래도 콘돔을 부모가 직접 건네는 것은 쉬운 일이 아닙니다. 아이 입장에서 보면 '난감, 그 자체'입니다. 부모 자식이 직접 그런 대화를 나누기는 정말로 어려운 일입니다. 그러므로 이럴 땐 이렇게 하자는 식의 나름대로 매뉴얼을 정해두는 것이 좋습니다. 이 정도 선까지 이런 식으로 말해야지 하는 것을 미리 정해두고 다른 사람의 말을 전하는 것처럼 간결하게 말하는 것도 좋고요. 평소엔 안 그러던 사람이 프러포즈를 할 때는 착실히 준비한 뒤 전혀 딴사람이 되어 고백하는 것처럼 말입니다.

아이가 집을 나설 때 "조심해서 다녀와"라고 인사하면서 슬그머니 콘돔 하나를 건네주는 것도 좋습니다. 좀 더 욕심을 부리자면 콘돔을 건네주며 "혹시 필요할지도 모르니까. 막상 닥쳐서 당황하면 스타일 구기니까 그러지 않게 알아서 잘해"라고 말하면 '두어 개 연습해둬.' 하는 메시지가 될 수 있습니다. 연습을 충분히 하고 실전에 들어가는 게 좋으니까요. 사용 방법은 유튜브 등 인터넷에 많이 올라와 있으니 도움을 받을 수 있습니다.

그 무엇보다
내 아이의 행복 먼저

만약 임신이라도

'아직 열여섯 살인 딸아이가 임신을 했어요…….'

이럴 때 어떻게 해야 할까요? 부모로서는 이런 일이 절대로 일어나지 않기를 바라겠지만, 일단 일이 벌어진 상황이라면 마음을 추스르고 어떻게 대처할지 한번 생각해봅시다.

이런 위기 상황에서야말로 부모의 현명한 대처가 필요합니다. 우리 아이를 지킬 수 있는지, 없는지 하는 중요한 순간이니까요. "그런 일 따위, 우리 집에서는 절대 용납할 수 없어!"라고 격노하며 내쫓아버리고 말 건가요? 그러지 않을 거라면 "일이 이렇게 되어버렸으니, 이것도 네 인생에 있어서 하나의 기회라고 생각하자. 그리고 어떻게 하는 게 가장 현명한 판단인지 충분히 고민해보자"라고 하며 해결 방법을 함께 생각해봐야 합니다. 아이가 배 속 아기를 낳겠다고 한다면, 가장 중요하게 생각해야 할 것이 '내 딸이 정말로 상대 남자아이의 아기를 낳고 싶어 하는지, 아니면 배 속의 태아가 불쌍하니까 어쩔 수 없이 낳아야 한다고 생각하는지'를 알아채는 것입니다.

아이를 낳기로 결정했다면 부모인 내가 양육을 도와줄 마음이 있는지 아닌지, 도와줄 상황이 되는지 아닌지도 따져보아야 합니다. 그다음 내 딸의 장래를 위해 무엇을 할 수 있는지도 생각해야 합니다. 가령 딸이 의사가 되고 싶어 한다면, 딸이 공부를 하는 동안 아기를 어떻게 하면 좋은지 등의 부분까지 구체적으로 생각해가며 신중하게 결정해야 합니다.

내 아이가 행복해질 수 있는 결론을

'관계는 맺었지만 이 남자의 아이는 낳고 싶지 않다'라고 생각한다면 중절 수술을 하라고 권합니다. 하지만 '지금은 아니지만 언젠가는 이 남자의 아이를 낳고 싶다'는 생각이라면 지금 낳으라고 말합니다.

사실 중절 수술을 한 뒤에 아이가 제대로 생기지 않아 고생을 하는 경우가 꽤 있습니다. 실제로 제 주변에서도 그런 안타까운 일이 있었습니다. 그 아이는 스무 살에 임신을 했는데 남자친구의 부모가 '지금은 안 된다'라고 강력히 주장해서 중절 수술을 받고 몇 년 후에 결혼했습니다. 하지만 결혼 후 10년이 지나도록 아이가 생기지 않아 지금까지도 고통을 받고 있습니다. 그때 낳았으면 좋았을 텐데 하고 후회하면서 말입니다. 사랑하는 사람의 아이는 절대로 지워서는 안 됩니다.

그렇지만 이 사람은 아닌 것 같다면, 그건 아기가 '이 사람은 아니야!'라고 알려주러 온 것이니 '아가야, 정말 미안해.' 하고 하늘나라로 돌려보내는 것이 맞습니다.

낙태에도 의미가 있습니다. 기본적으로는 하면 안 된다고 생각하지만, 그것을 계기로 깨달은 바가 있다면 아기도 기쁘게 하늘나라로 돌아갈 수 있을 것입니다. 하지만 남자친구와도 헤어졌고, 도무지 마음을 잡지 못한 채 하루하루 고통 속에서 살고 있으며, 심지어 입시에도 실패했다면 낙태한 의미가 없지 않을까요? 그럴 거면 차라리 빨리 낳고 빨리 기르는 게 나을 뻔했다는 생각이 들지 않나요? 어떤 선택을 할지, 그 선택의 결과로 훗날 행복한 그림을 그릴 수 있는지 아닌지가 중요합니다. 부모라고 자식의 미래를 함부로 결정짓고 좌지우지해서는 안 됩니다.

더 중요한 것은 그다음

"낙태를 한 다음에는 어떻게 할 건가요?" 수술을 하기 전에 제가 반드시 묻는 질문입니다. "내일부터 어떻게 할 건가요?"라고 물으면 아이의 엄마는 "뭘 어떻게 해요?"라고 되묻습니다. "내일부터 또 관계를 맺게 할 거냐고요"라고 하면 "설마요"라고 단호하게 말합니다.

"입시 준비를 해야 하면, 신경 안 쓰이게 피임약을 먹으면 돼요"라고 권할 때도 있는데, 그러면 대부분의 엄마는 기겁을 하며 "아니에요. 헤어지게 할 거예요"라고 딱 잘라 선언합니다. 하지만 그 결과는 어떨까요? 앞서 말한 대로 갈피를 못 잡은 채 입시에 실패하는 경우가 대부분입니다. 이런 상황에서 본인은 얼마나 괴롭겠습니까?

저는 두 사람의 앞날을 잘 생각해보고 "둘이 좋아서 죽고 못 사니까 피임을 하는 게 마음이 놓일 것 같아요. 피임약을 처방해주세요"라고 하는 게 현명한 부모의 행동이라고 생각합니다. 부모는 자식을 지켜야 할 책임이 있으니까요. 안타깝게도 앞서 말한 것처럼 대처하는 부모가 극히 드물다는 게 현실이지만요.

부모들이 현명한 선택을 하지 못하는 이유는 기본적으로 '애들이 그런 행동을 해서는 안 된다'라는 대전제를 깔고 있기 때문입니다. 물론 그런 상황을 맞이하게 된 부모의 심정도 이해가 됩니다. 하지만 현실을 인정하고 벌어진 문제를 어떻게 현명하게 처리할지를 고민하는 게 중요하다는 사실, 이것을 잊지 말아야 합니다.

바람은 전하되 강요는 금물

내 아이가 몇 살부터는 성관계를 맺어도 된다고 생각하는지, 아이가 만약 임신을 했다면 가정을 꾸렸으면 좋겠는지, 그럴 때 부모는 어떻게 대응을 하면 좋은지 등의 문제를 부모가 미리 구체적으로 생각해둘 필요가 있습니다. 물론 아이의 인생은 아이것이니 부모가 바라는 대로 된다는 보장은 없습니다. 하지만 부모의 희망과 바람을 어떻게 전달하는지는 매우 중요한 부분입니다. 저는 "나는 손자가 보고 싶으니 잘 부탁한다"라고 아이들에게 은연중에 말하곤 합니다. 아이를 낳는 의미 가운데 하나는 후손을 보는 거니까요.

엄마의 모순은 버릴 것

앞으로 손자를 원한다면 한번 생각해보십시오. 그전까지 '그런 짓을 해서는 안 된다.' '그러지 않았으면 좋겠다.' '혼전 관계는 안 된다'로 일관하던 부모가 자식이 어느 정도 나이를 먹으면 손바닥 뒤집듯이 손자 타령을 하기 시작하는 것에 대해서는 어떻게 생각하나요? 자식들은 이렇게 반발할 수도 있습니다. '하지 말라고 할 때는 언제고? 그런 건 안 좋은 거라며?'라고 하면서 '그래서 싫다!'고 말입니다.

언제부터 괜찮다는 바람을 명확히 하지 않고 무조건 '안 돼! 안 돼!'만 연발했기 때문에 이렇게 된 것입니다. 대학 졸업 후가 좋은가 하면 그것도 아닙니다. 현실적으로 무리가 있으니까요.

엄마들에게 쓴소리를 하나 하겠습니다. 엄마들이 이런 모순을 범하는 것은 아이가 어느 정도 성장을 마칠 무렵부터 시작되는 본인의 갱년기와도 무관하지 않습니다. 갱년기가 되면 성을 등한시하고 성적 호기심이 사라지고 맙니다. 하지만 본인은 자신의 감정과 정서가 아이들에게도 영향을 미친다는 사실을 미처 모릅니다. 성을 충분히 즐기지 못하고 남편 때문에 억지로 참고 살아온 경우나 자식에게 라이벌 의식을 느끼는 경우, 엄마의 감정이 아이에게 부정적인 영향을 미칠 수도 있습니다. 하지만 정말로 아이의 행복을 위한다면 어떻게 해야 할지 잘 생각해야 합니다.

부모가 즐기면 아이도 즐긴다

성에 대해 언급하는 일은 본인의 삶을 보여주는 일이기도 하므로, 부모가 성을 즐기고 있다면 아이들도 자연스럽게 그것을 배울 수 있을 거라고 생각합니다. 실패를 통해 배우는 교훈도 있으니, 부모는 그렇게 했지만 나는 그렇게 하지 않겠다고 생각하는 아이들도 있겠지요. 늘 썰렁하고 냉랭했던 집안 분위기가 싫어서 '나는 크면 따뜻한 가정을 만들어야지!' 하는 아이들도 있습니다. 아이들의 그런 바람을 깨는 말이나 행동을 해서는 안 됩니다.

하지만 '성에 대해 제대로 배웠나요? 잘 모르고 있는 건 아닌가요?' 하는 생각이 들게 하는 부모들도 적지 않습니다. 할머니 할아버지가 되어서도 즐기려고만 하면 얼마든지 즐길 수 있고 상대방을 기쁘게 해줄 수도 있습니다. 직접적인 것만이 성관계는 아니니 다른 방식으로 애정을 표현하는 것도 얼마든지 가능합니다.

사춘기 아이들의 성 문제는 결국 어른들의 문제입니다. 내 사랑의 결과로 이 세상에 나온 아이들을 보며 가슴에 손을 얹고 생각해보십시오. 부모 자신이 성을 즐기고 있으며, 그것을 아이에게 제대로 전달하고 있나요?

사오토메 토모코 우리 아이들의 성과 관련된 여러 가지를 알려준 사오토메 토모코 선생님은 스무 살 아들과 열다섯 살 딸을 둔 엄마로 산부인과 전문의입니다. 1961년에 태어난 선생님은 츠쿠바대학교 의대를 졸업한 뒤 가나가와현립 시오미다이병원에서 진료를 하고 있습니다. 1997년에는 일본에서 '성과 건강을 생각하는 여성 전문가 모임'을 만들었으며, 현재 이 모임의 부회장으로 활동하고 있습니다. 일본의 경구피임약 인가와 관련한 활동을 하였으며, '성과 생식에 관한 건강과 권리'를 위해 활발히 활동 중입니다.

여섯 번째
이야기

반항기를 안 겪게
할 수는 없을까?

예술가와도 같은
내 아이

사사키 마사미

반항은 미숙한 형태의 자기주장

앞서 알아본 것처럼 반항기는 자기주장의 시기이기도 합니다. 자기주장이란 자신의 존재감을 확인하고자 하는 심리의 본능적인 반응라고 할 수 있습니다. 자아가 성장하고 발달할 때 보이는 행동이므로 아이가 반항기의 조짐을 보이기 시작하면 '드디어 내 아이가 날아갈 준비를 하는구나!' 하고 기쁜 마음으로 받아들여 주십시오.

인간은 반항기를 거치지 않고 자립할 수 없습니다. 자립하지 못하면, 자아가 정립되지 못해서 다른 사람들 말에 휘둘릴 수도 있고 혼자만의 세계에 갇혀 빠져나오지 못할 수도 있습니다. 극단적인 예이기는 하지만, 부모나 가족에게조차 마음껏 반항하지 못하고 자란 사람 중에는 사회를 향해 일종의 자포자기적인 반항 즉, 비행이나 범죄를 일으키는 이들도 적지 않습니다. 폭주족도 사회를 겨냥한 일종의 자포자기적 반항입니다. 불량스러운 폭주족들 가운데는 사춘기 때 부모에게 충분히 자기감정을 터트리지 못해서 그 울분으로 똘똘 뭉친 아이들이 많습니다. 부모에게 마음 놓고 반항하지 못하면 자아를 확립하는 데 어려움을 겪습니다.

소설가나 시인 같은 작가는 글을 쓰면서, 예술가는 그림이나 조각, 음악 같은 자기 작품을 통해 자아를 표현하고 자기주장을 합니다. 자기주장의 형태는 실로 다양해서 스포츠나 연기, 문장 등으로 표출하는 경우도 있습니다. 이런 것에 비해 사춘기 반항은 청소년기에 겪는 매우 미숙하고도 원시적인 자기주장이라고 할 수 있습니다.

원래 예술가들은 선인의 작품과 사상을 부정하면서 새로운 시대를 열어가는 사람들입니다. 뛰어난 예술가들은 앞선 시대의 사상과 방법을 그대로 답습하지 않고 그것을 넘어섭니다. 반항기 아이의 관점에서는 부모가 바로 앞선 시대의 사람들입니다. 그런 아이는 부모를 향해 '나는 이렇다!'고 자기주장을 펼치고 있는 것입니다.

사춘기 아이는 반항 이외의 다른 방법으로 부모를 넘어설 수는 없습니다. 그러므로 부모는 아이가 자기 성장에 도움이 되는 반항을 충분히 할 수 있는 분위기를 만들어주고, 그 주장을 인정해주어야 합니다. 그렇지 않으면 아이는 부모를 뛰어넘을 수 없습니다. 이런 의미에서 반항기는 꼭 거쳐야 하는 인생의 중요한 관문입니다.

인간은 반항하면서 자아를 성숙시켜 나가고 확립시켜 나가는 존재입니다. 아이가 훌륭한 성인으로 자립하길 원한다면 아이의 반항을 겁내지 말고 적극적으로 표출할 수 있는 분위기를 만들어주세요. 이해를 돕기 위해 예술가를 예로 들었지만 평범한 한 명의 사회인으로 자립하기 위해서도 마찬가지입니다. 내 아이가 한 사람 몫을 충분히 해내는 사회인이 되지 않길 바라는 부모는 없습니다. 그렇다면 네다섯 살 무렵의 반항 다음으로 중요한 것이 사춘기의 반항이라는 것을 잊지 마십시오.

제1 자기주장기는 아이 인생의 첫 관문

아이들이 가정 내에서 부모에게 충분히 반항하지 못하면 감정이 쌓이게 되고, 그 감정이 공격적인 행동으로 나타나기도 합니다. 왕따라는 사회현상 역시 이런 배경에서 벌어지는 일이라고 해도 과언이 아닙니다.

한국과 일본뿐만 아니라, 전 세계적으로 청소년 학교 폭력 사건은 해마다 꾸준한 증가 추세에 있습니다. 심각한 경우, 그 피해를 이기지 못하고 자살을 선택한 아이들이 있기까지 한 정도이니 그냥 넘어갈 일이 아닙니다. 우리 부모 세대가 어렸을 때와 비교해보면 상상하기도 힘든 일입니다.

이는 네다섯 살 무렵에 나타나는 제1 반항기를 충분히 거칠 수 있도록 도와주는 부모와 가족이 그만큼 적어졌다는 증거로 볼 수 있습니다. 어린 시절에 충분히 반항도 해보고 기초적인 협상 방법들을 배웠다면 부적정인 에너지가 이렇게까지 폭발하지는 않았을 것이기 때문입니다. 요즘은 학교 기물을 파손한다든가 친구를 왕따시킨다거나 교사에게 폭력을 휘두르는 아이들이 너무나 많아졌습니다. 심지어 범죄 행동을 통해 사회에 반항하는 아이들도 있습니다.

비약적인 성장을 위해 에너지로 똘똘 뭉쳐 있는 아이들의 그 에너지가 분출되지 못한 채 계속해서 억압을 받다보면 언젠가 반사회적인 행동으로 폭발할 위험이 있습니다. 아니면 정반대로 자기만의 세계에 갇혀 은둔형 외톨이가 될 우려도 있습니다. 은둔형 외톨이로 지내는 아이들은 거의 대부분 부모와 사이가 좋지 않습니다. 일촉즉발의 상황에서 하루하루 아슬아슬하게 사는 젊은이들도 우리의 안타까운 자화상 가운데 하나입니다.

동전의 양면

아이 어른 할 것 없이, 인간은 모두 의존과 반항을 반복하면서 자립을 해나갑니다. 그러면서 독창성도 생기고 '나'라는 존재도 확인하는 겁니다. 의존이 부족하면 상대적으로 반항이 커지고, 반항이 부족하면 의존이 커집니다. 의존과 반항이 모두 부족한 사람은 단언하건대 절대로 자립하지 못하고 나라는 존재를 모른 채 일생을 살아가게 됩니다.

할아버지와 할머니를 포함한 가족도 반항과 의존의 대상 범주에 들지만, 대개 의존의 일차적인 대상은 부모입니다. 유치원 또는 학교에 가기 시작하면 친구들과 상호 의존 관계를 맺게 되고, 그 과정에서 몇 명이 공동으로 어떤 사안에 대한 주장을 펼치기도 합니다. 이 시기에 펼치는 자기주장을 일종의 반항으로 보기도 하고요.

자기를 강하게 주장하는 행동이 반항, 즉 자기주장입니다. 자기주장을 반복하면서 나라는 존재를 만들어나가는 거지요. 말이나 태도를 통해 본인을 객관화시켜 판단하기도 하고, 상대방의 반응을 보면서 '이건 좀 아닌 거 같은데? 역시 내 생각이 맞았어!' 하는 과정을 끊임없이 반복하는 것입니다. 수천 번, 수만 번 의존과 반항을 반복하면서 자아를 확립해 나갑니다.

사춘기는 지금까지처럼 부모에게 의지하고 기대고 싶은 마음과 그와는 반대로 부모로부터 자립한 존재로서 자기주장을 하고자 하는 마음이 혼재되어 나타나는 시기입니다. 성인이 되었다고 해서 의존과 반항이 완벽하게 사라지는 것도 아니고요. 하지만 자립적이고 자발적이고 자주적이며 창조적인 주장을 하는 사람에게 부모나 가족, 친구와 같은 든든한 버팀목이 반드시 있는 것은 의심할 여지 없는 사실입니다.

옛날 파리에는 밤마다 예술가들이 모이는 살롱이 있었습니다. 다양한 영역에서 활동하는 예술가들이 모여 깊은 밤까지 열띤

토론을 벌이고 교류를 했지요. 이곳은 자기주장을 펼칠 수 있는 공간인 동시에 상호 의존의 공간이기도 했습니다. 나를 인정하고 받아주는 사람들이 있으니까요. 그것이 자신감의 근원이 되어 마음껏 자기주장을 펼칠 수 있었던 것입니다.

사교 모임과 같은 사춘기 또래 집단

어릴 적에는 무조건 응석을 부리기만 해도 됐지만 자랄수록 나의 주장을 이해하고 받아들여 줄 수 있는 친구들이 필요합니다. 사춘기 청소년들이 정체성을 확립하기 위해서는 가치관, 사상, 신조, 주의 혹은 주장을 공유할 수 있는 사람이 있어야 하기 때문입니다. 그래서 그전까지는 친구를 가리지 않고 이 친구 저 친구와 함께 놀기도 하고 공부도 했지만, 사춘기에 들어서면 마음이 맞는 친구들하고만 지내려고 하지요. 소위 말해 끼리끼리 모이기 시작하는 겁니다. 이것이 바로 상호 의존입니다. 실제로는 서로 맹렬하게 자기주장을 하고 있지만, 가치관이 비슷하므로 서로 이해해주고 이해받을 수도 있는 것입니다. 마음이 맞는 친구들과 긴밀한 관계를 구축하면서 말입니다. 혼자서 오토바이를 타고 달리면 시시하지만 여러 명이 모여 폭주족이 되면 든든하고 짜릿한 거지요.

이런 심리적인 요인 때문에 고등학생이 되면 의존할 수 있는 상대를 찾아 동아리 활동이나 종교 활동에 푹 빠지는 아이들도 많아집니다. 부모들은 '그리 푹 빠지지 않아도 말이 통하는 친구쯤은 만들 수 있을 텐데'라고 생각하겠지만 말입니다.

되돌릴 수 없는 유년 시절

2008년, 일본의 번화가인 아키하바라에서 무차별 총격 사건을 벌인 청년은 함께 고민하고 의지할 상대가 없어 줄곧 고독한 생활을 해왔다고 합니다. 공부야 그럭저럭 쫓아가겠지만 '나'는 어디에도 없고, 나를 이해해주는 부모도 선생님도 친구도 없는 상황에서는 자립을 생각할 수 없게 됩니다. 내가 어떤 인간인지 확인할 수가 없어 괴롭고 힘듭니다. 그러다가 갑자기 유아기적 발상으로 응석을 부리고 싶은 충동이 일어나지만 그 누구도 받아주지 않습니다. 아무도 받아들여주지 않으니 걷잡을 수 없는 분노가 치밀어오르는 것입니다.

2010년 일본의 한 전철역에서 벌어진 사건도 마찬가지입니다. 마음속에서 치밀어오르는 분노를 다스리지 못하고 불특정 다수를 상대로 무차별 폭력을 가한 청년은 아무런 목표도, 가망도, 미래도 없는 인생을 이제 그만 끝내고 싶었다 합니다. 이런 사건이 발생할 때마다 많은 사람은 '그럴 거면 혼자 죽으면 되지, 왜 아무 죄도 없는 사람들한테 화풀이를 하냐?'고 말합니다. 하지만 그렇게 극단적으로 되기까지의 배경에는 자신을 받아들여 주지 않았던 사람과 사회에 대한 분노가 들끓고 있기 때문에 혼자 삭힐 수 없는 것입니다.

물론 이들의 범죄는 지탄받아 마땅한 일입니다. 사건을 일으킨 장본인이 전적으로 나쁘다고 생각할 수도 있습니다. 하지만 스물일곱 살의 그 청년이 그렇게 되기까지 주변 환경과 사람들에게도 문제가 있었을 거라 생각하지 않나요? 실제로 초등학교 시절 동급생 등 그를 알고 있는 많은 지인들이 텔레비전 취재에 응하면서 한결같이 '친구가 없었어요.' '친구들 사이에 끼지 않았어요.' '늘 혼자 조용히 있는 아이였어요.' 하는 말들을 했습니다.

어릴 때부터 친구들 틈에서 마음껏 놀고, 즐기고, 싸우고, 화해하면서 충분히 의존과 반항을 경험해야 합니다. 부모는 그런 모습을 대견해하고 인정하면서 키워야 합니다.

·두 번째·

깊은 새벽이 지나면
밝은 아침이

기다려주는 사람이 있는 집

아이가 집을 나간 뒤, 친구 집을 전전하면서 들어올 생각을 하지 않는 경우가 있습니다. 이럴 때는 어떻게 해야 아이가 집으로 들어올까요?

답은 간단합니다. 집을 편안하게 만들어주면 됩니다. 맘 놓고 편히 쉴 수 있는 따뜻한 공간으로 말입니다. 이걸 바탕으로 뒤집어서 생각해보면, 가출을 하는 이유도 단순합니다. 집이 편하지 않기 때문이지요.

집이 따뜻하고 편안한 곳인지 아닌지는 그 집 식탁을 보면 알 수 있습니다. 정성이 가득 담긴 식탁이 없으면 집으로 돌아올 이유가 없습니다. 잠자는 것만 해결할 수 있으면 밖이 훨씬 더 편할 것입니다. 친구들과 함께 놀다가 지치면 아무렇게나 쓰러져 잘 수 있는 곳. 바로 그런 곳이 있다면 집보다 훨씬 편하고 안락하다고 느낄 테니까요. 잔소리하는 사람도 없는 데다가 다리 뻗고 누울 수도 있으니, 핑계만 생기면 기회는 이때다 하고 집을 나가는 것이지요.

식탁을 소중히 하라는 말은 비싼 식자재를 써서 음식을 풍성하게 차리라는 말이 아닙니다. 오랜 시간과 노력이 필요하겠지만, 정성을 다해 가족들이 행복해할 수 있는 식사를 준비하라는 말입니다. 가족과의 식사를 소중히 여기는 가정의 아이들은 절대로 비뚤어지지 않습니다.

제가 초등학생이었던 때는 하루하루 끼니조차 때우기 힘든 비참한 시기였습니다. 정말로 초라하기 짝이 없는 식탁이었지요. 하지만 제 어머니는 그런 상황에서도 정성을 다해 음식을 차려주셨습니다. 돌이켜 생각해보면 그 식탁이 우리 가족을 지탱해준 버팀목이었던 것 같습니다.

정성을 다해 음식을 만들고 식탁을 차리며 그에 어울리는 집

안 분위기를 만들어보십시오. 나이가 지긋한 일본의 한 가수는 "집은 참 좋은 곳이에요. 나를 기다려주는 가족들이 있으니까요" 라고 말했습니다. 이 가수가 말한 것 같은 그런 집을 만들어야 합니다. 기다려주는 사람들이 있어 좋다는 생각이 들 수 있도록 말입니다.

나름대로는 목숨을 건 항쟁

아들이 심한 폭언을 하고 폭력을 행사하기도 한다며, 어떻게 해야 멈출 수 있을지 고민하는 부모들이 있습니다. 만약 내 아이가 이런 태도를 보인다면 이렇게 생각하시면 됩니다. '내가 마음을 받아주고 인정해주어야 할 시기에 제대로 받아주지 못해서 이런 폭력적인 성향이 생긴 거구나'라고 말입니다.

아이가 원하는 모든 것을 들어주는 것도 문제이지만, 아이에게 부모의 생각을 지나치게 강요하는 것도 옳은 자세는 아닙니다. 아이의 말을 경청하는 데 전념하고 힘을 쏟아야 아이가 자립성을 키워갈 수 있습니다. 앞서 말씀드린 것처럼, 충분히 들어주지 않은 것에 대한 반발심이 폭언과 폭행이라는 형태로 나타나니까요. 아이의 말을 잘 들어주었다면 아이가 거칠고 난폭하게 반항하는 일은 없습니다.

아이는 그때까지의 경험을 통해 '부모님은 내가 하는 말을 잘 들어주지 않아'라고 생각하기 때문에 그것을 이겨내기 위해 몸부림치는 것입니다. 어설프게 살살 말했다가는 또 한 소리 듣을 게 뻔하니까요.

하지만 아이들에게는 이런 행동에 대한 자각이 없습니다. '내가 왜 반항을 하는 거지?'라고 냉정하게 생각을 정리하면서 반항하는 아이는 없으니까요. 그저 필사적으로 반항할 뿐입니다. 반항은 아이가 자기 자신의 인격을 형성해가고 있는 과정 가운데 하나입니다. 즉, 아이들에게 반항은 나름대로 목숨을 건 전쟁인 것이지요.

이런 아이들에게 무엇을 어떻게 해주어야 하는지는 각 가정의 부모가 생각해야 할 문제입니다. 식사를 챙기고 목욕물을 받아주는 그런 소소한 관심도 필요하겠지요. '나를 기다리는 엄마 아빠가 있으니 얼른 집에 가야지.' 하고 아이들이 자각할 수 있는 가정을 만들기 위해 매일 조금씩 노력해야 합니다. 그러려면 집안 분위기를 새롭게 꾸리는 수밖에 다른 방도는 없다고 생각합니다. 우리 가족만의 힘으로 도저히 불가능하다면 전문가의 힘을 빌리는 것도 하나의 방법입니다. 그런 아이들과 그 아이들의 부모에게 조언을 해주는 기관이나 단체 들도 많으니까요.

해도 고민, 안 해도 고민

우리 집 아이는 반항을 하지 않는다고 마음을 놓아도 좋을까요? 답부터 말씀드리자면 절대 그렇지 않습니다. 반항기가 없는 것도 걱정해야 할 문제입니다. 온전히 자립한 성인으로 자라지 못할 확률이 크니까요. 다만 반항기를 반항기라고 느끼지 못할 정도로 침착하고 유연하게 받아들여 주는 부모라면 더할 나위 없이 훌륭한 부모겠지요.

가령 아이가 자기주장을 할 때 "그렇구나. 너는 그렇게 생각하는구나. 하지만 엄마 아빠 생각은 좀 다른데, 일단 한번 들어볼래?" 하는 식으로 온화하고 부드럽게 대응하는 거지요. 그런 다음 어떻게 해야 할지를 함께 의논하고 조율합니다. 평상시에 대화가 많으면 이런 과정은 아주 자연스럽게 일어납니다. "우리도 네 나이 땐 다 그랬던 것 같아." 하는 식의 대화가 이루어질 수 있다면 가장 바람직합니다.

마음에 들지 않는 부분이 있다고 하루 종일 잔소리를 해대면서 아이의 생각과 바람은 들으려고도 하지 않은 채, 그때그때 부모의 기분과 형편에 따라서만 대응하면 어떻게 될까요? 아이의 반항은 날로 격렬해져갈 것이 불을 보듯 뻔합니다.

맑고 화창한 날은 반드시 온다

사춘기 아이들은 너나 할 것 없이 누구나 고민이 많습니다. 그 고민은 '도대체 나란 사람은 어떤 사람이지?' 하는 존재에 대한 근본적인 고민입니다. 하지만 도무지 알 길이 없습니다. 친구들과 사귀고 수많은 대화를 나누면서 상대방이 하는 말에 귀 기울이는 것도 좋지만, 역시 모범이 될 만한 어른을 만나는 게 고민 해결의 가장 빠른 지름길입니다. '나도 저런 사람이 되고 싶다'고 느끼는 거지요. 현실에 존재하지 않는 역사 속 인물이라도 괜찮습니다. 아이들은 그런 사람을 찾을 때까지 방황을 거듭합니다. 방황하는 과정에서 고민하고 번민하는 그들의 마음을 알아주고 이해해주십시오. 그 고뇌가 크면 클수록 터널을 통과했을 때 나타날 하늘이 더 쾌청할 테니까요. 언젠가는 맑고 화창한 날이 분

명히 올 테니 기쁜 마음으로 기다려주십시오. 정색을 하고 눈을

부릅뜨면 될 일도 안 된다는 것을 꼭 기억하세요.

사사키 마사미 아동정신과학적인 관점에서 반항기가 왜 필요한지를 함께 알아본 사사키 마사미 선생님은 가와사키의료복지대학 특임교수이자 아동정신과 전문의입니다. 1935년에 군마에서 태어난 선생님은 미국 노스캐롤라이나대학의 비상근교수를 역임했고, 일본 요코하마종합재활센터가 자리를 잡고 원활하게 운영되는 데 적극적으로 참여했습니다. 또한 오랫동안 보육사 지도 활동도 해왔습니다.

• 불안하지 않은 성장은 없다 •